피스테라

산티아고
데 콤코스텔라

아르수아

포르토마린

사리아

테라디오스 데
템플라리오

비아브랑카
델 비에르소

만시야 데
라스 물라스

팔라스 데 레이

아스트로가

오 페드로우소

트리아카스텔라

폰페라다

레온

오 세이브로

라바날
델 카미노

베르시아노
델 레알 카

오스피탈 데
오르비고

포르투

루르드

생 장 피에드 포르

론세스바예스

수비리

팜플로나

에스테야

산토 도밍고 데 칼사다

푸엔테 라 레이나

보아티아

로그로뇨

켈 카미노

로스 아르코스

부루고스

벨로라도

온타나스

나헤라

온 데
콘데스

오르테가
아헤스

스페인

산티아고, 길은 고요했다

산티아고, 길은 고요했다

초판 1쇄 인쇄일 2019년 9월   9일
초판 1쇄 발행일 2019년 9월 18일

지은이 김남금
수채캘리 김유리
펴낸이 양옥매
디자인 임흥순
교   정 조준경, 권희중

펴낸곳 도서출판 책과나무
출판등록 제2012-000376
주소 서울특별시 마포구 방울내로 79 이노빌딩 302호
대표전화 02.372.1537   팩스 02.372.1538
이메일 booknamu2007@naver.com
홈페이지 www.booknamu.com
ISBN 979-11-5776-773-1(03980)

이 도서의 국립중앙도서관 출판시도서목록(CIP)은
서지정보유통지원 시스템 홈페이지(http://seoji.nl.go.kr)와
국가자료공동목록시스템(http://www.nl.go.kr/kolisnet)에서
이용하실 수 있습니다. (CIP제어번호 : CIP2019034994)

산티아고, 길은 고요했다

CAMINO DE SANTIAGO

글·사진 **김남금**

책과나무

끝을 위한 시작

"길은 끝났습니다."

프랑스 생 장 피에드 포르에서 산티아고 대성당까지 800㎞의 대장정은 이제 끝이 났습니다. 길을 가리키던 노란 화살표와 조가비도 이제 더 이상 찾아볼 수 없습니다. 그러나 지나온 그 길은 제 마음속에서 영원히 끝나지 않을 듯합니다.

저는 직업군인으로 25년을 근무하고 지난 2017년 예편했습니다. 오직 한 길 군인으로서 쉼 없이 달려온 삶의 걸음을 멈추자, 갑자기 나아가야 할 길이 보이지 않았습니다. 40대 후반, 아직도 걸어가야 할 삶의 길은 아득한데 막막했습니다.

그래서 저는 산티아고로 떠나게 되었습니다.

그 길 위에서 무언가 새로운 나의 길을 찾을 수도 있을 것이라는 막연한 기대감이 들었기 때문입니다.

파울로 코엘료는 "산티아고 가는 길은 삶에 커다란 전환점이 되었다. 생의 단순한 진리를 깨달았다."고 했습니다. 저 또한 그 길에서 영혼이 성장하고 삶에 대한 태도가 변화되었습니다.

순례 내내 내면의 자아와 마주하며, 우주와의 소통을 통해 놀랍고도 신비로운 체험을 했습니다. 그리고 그 길 위에서 마침내 제가 찾고자 했던 커다란 희망의 길을 찾아냈습니다.

이제 저는 이 책을 통해서 제가 걸어왔던 그 순례의 길로 그대를 이끌 것입니다. 지난 33일간의 여정에서 느꼈던 단상들과 특별한 순례자들의 이야기, 그리고 산티아고 순례길에 펼쳐진 광활한 대지의 풍경들이 그대의 눈과 마음을 사로잡고 산티아고 별들의 들판 위로 걷게 할 것입니다. 또한 눈과 마음의 길은 실제 그대의 발걸음이 되어 제가 걸어온 길을 따라 걸어가게 할 것이라 믿습니다.

순례를 마치고 산티아고 데 콤포스텔라, 그 길의 끝에서 돌아온 저는 이제 막 "새로운 길을 걷기 시작했습니다". 삶의 어느 여정에서 잠시 걸음을 멈추고 새로운 길을 찾는, 그리고 그 길을 걸어갈 그대의 발걸음에도 언제나 희망이 함께하길 바랍니다.

오늘도 참 좋은 날입니다.

2019년 9월
김남금

::CONTENTS

Part 02

감사

Part 04

사랑

Part 01

용서

그대도 부디 삶의 여정에서 부끄럽고 후회스러웠던 자신을
용서하기 바란다. 부디 자신을 보듬고 사랑하길 바란다.
언젠가 산티아고 순례길, 이 길 위에 설 그대도 가슴에서
터져 오는 자신에 대한 연민과 용서, 사랑의 힘을 느끼게 되리라.

01

설렘

루르드(Lourdes)에서 생 장 피에드 포르

2019년 봄, 나는 스페인 산티아고 데 콤포스텔라(Santiago de Compostera) 프랑스 길(총 800㎞) 순례 여정에 올랐다. 마음은 설렜다. 2년 전부터 보이지 않는 힘이 나를 산티아고로 이끌고 있었다.

산티아고 데 콤포스텔라는 사도 야고보(라틴어: Santiago)와 별(Compo), 들판(Stela)의 합성어로 '사도 야고보와 별들의 들판'을 뜻한다. 산티아고 순례길은 매년 수십만 명이 찾고 있는 세계 3대 성지이다.

순례길(Camino)은 스페인 땅끝 갈리시아 지방에 복음을 전파하고자 했던 사도 야고보의 무덤을 참배하기 위한 종교적인 길이다. 또한 참자아를 찾아 떠나는 개인적인 의미의 영적인 길이기도 하다.

프랑스 길 대장정에 나서는 나의 순례 여정에는 파울로 코엘료(Paulo Coelho)의 《순례자》와 팸 그라우트(Pam Grout)의 《E2 : 소원을 이루는 마력》, 《E3 : 신이 선물한 기적》이 함께하며 나를 영적인 길로 이끌었다. 파울로는 그의 책 《순례자》에서 종교 지도자가 되기 위해 산티아고 순례길 어디엔가 숨겨져 있던 자신의 검(劍)을 찾고자 했다. 나 또한 파울로의 순례여정을 따르며 이 길 위에서 '나의 검'을 찾고자 한다.

나는 설레는 마음으로 산티아고로 떠나는 비행기에 올랐다. 인천공항에서 독일 뮌헨을 경유해 프랑스 툴루즈 공항으로 이동한 후 버스로 성모 발현지 루르드를 찾았다. 루르드는 1858년 2월 11일부터 모두 열아홉 차례에 걸쳐 성녀 마리 베리나테트 수비루(당시 14세)에게 성모가 발현했던 성지이다. 이곳을 둘러보면서 나는 순례길에 나서는 마음가짐을 새롭게 했다.

루르드 로사리오 대성당 미사

생 장 피에드 포르로 가기 전에 찾은 성모 마리아 발현지 루르드

옅은 안개가 낀 성당에는 신비로운 기운이 감돌았다.

순례, 첫 출발선에 서다

2019년 4월 27일, 드디어 생 장 피에드 포르에서 순례자 여권을 발급받았다. 별들의 들판에 선 나의 첫 발걸음, 설렘의 여정이 막 시작되었다. 프랑스의 남서부 작은 도시인 생 장 피에드 포르에서 산티아고 대성당까지 총 800㎞를 걷는 나의 여정에는 과연 어떤 놀라운 일들이 기다리고 있을까?

성모 마리아께서 발현한
마사비엘 동굴과 성모 마리아상

생 장 피에드 포르로
들어가는 성문

중세풍의 아름다운 마을을
니브강이 관통해 흐르고 있다.

순례의 첫 여정이 시작되는 전통적인
출발점, 생 장 피에드 포르

순례자용 여권은 순례자 신분증명서로 알베르게(순례자 숙소)를
이용할 수 있고 순례길 완주를 증명하는 증서이다.

02

별들의 들판에 서다

생 장 피에드 포르(Saint Jean Pied de Port)에서
론세스바예스(Roncesvalles) 26.3㎞

아침 6시 50분, 별들의 들판에 첫발을 내딛었다. 약간의 긴장감과 함께 설렘이 일었다. 몸과 마음은 한결 가뿐했다. 새벽 어스름이 걷힌 생 장 피에드 포르는 화창했다. 별들의 들판, 첫 여정을 시작하는 순례자들의 발걸음에서 가뿐 설렘이 느껴졌다.

나는 시차 적응과 피로 회복이 채 되지 않은 상태에서 피레네 산맥을 향해 한 발 한 발 정성껏 내딛었다. 나폴레옹의 유럽 원정길이기도 했던 피레네 산맥은 고도가 높아질수록 우뚝 솟은 봉우리들이 하나둘 그 위용을 드러냈다.

간간히 비가 흩뿌리고 바람은 세차게 일었다가 사라지곤 했다. 안개는 더욱 짙어져 갔다. 끝없이 이어지는 오르막길을 따라 스페인령으로 넘어서자 고도 1,450m의 뢰푀더 안부가 나타났다. 피레네 산맥을 넘나든 나폴레옹 유럽 원정대의 가쁜 숨소리가 들려오는 듯했다. 그들에게 이 언덕은 생사를 가른 길이었으리라.

파울로는 《순례자》에서 그의 안내자 페트루스와 함께 엿새간을 이 길 위에서 맴돌았다. 첫 설렘의 여정을 순례에 대한 겸허함으로 맞이하기 위해 선택한 고행이었다.

언덕을 넘어서자 가파른 내리막길이 이어졌다. 너도밤나무 숲길로 이루어진 숲속의 공기는 청정했다. 숲길은 나의 영혼을 숨 쉬게 하고 고요한 명상으로 이끌었다. 삶의 길에서 이제 새로운 순례의 길로 들어선 나는 이 길 위에서 나의 참된 길을 찾아갈 것이다.

오리송의 오베르주를 넘어 오리송 봉으로 가는 언덕길

안개 속에서 피레네 산맥을
넘고 있는 순례자

피레네 산맥을 넘는 길은 끝없이 언덕으로 이어졌다.

레퀴더 안부를 넘어서면 내리막 숲길이 이어진다. 이틀 전, 급강하한 기온으로 저체온증을 겪어 응급차를 타고 내려갔던 한국에서 온 70대 중반의 어르신이 세 번째 도전 만에 피레네 산맥을 넘어서고 있다.

피레네 산맥. 고도가 높아질수록 안개가 짙어졌다.

론세스바예스(Roncesvalles)

프랑스 길(Camino Frances)

프랑스 국경의 작은 마을인 생 장 피에드 포르에서 출발해 스페인 북쪽지방을
동에서 서로 횡단하는 전통적인 순례길이다.

프랑스 길은 나바라, 라 리오하, 카스티야 이 레온, 갈리시아 등 스페인 4개 지
방 7개주를 지난다. 해발 1,450m의 피레네 산맥을 넘는 첫날이 전체 순례 여
정 중에서도 가장 힘들다고 알려져 있다.

생 장 피에드 포르에서 론세스바예스로 이르는 길에는 피레네 산맥을 넘는 나
폴레옹 루트(24.7㎞)와 대체 루트인 발카를로스(27.5㎞)가 있다.

03

어린 왕자의 별에 닿다

론세스바예스(Roncesvalles)에서 수비리(Zubiri) 21.9㎞

누군가 나에게 말했다. 왜 그 먼 곳까지 가서 걸으려고 하는 거냐고……. 나는 그 친구에게 웃음으로 답했다. 지금 이 순간도 수천, 수만의 순례객들이 나와 같은 질문을 받으며 천년의 길을 걷고 있다.

어떤 이는 종교적 사명으로 걷고 어떤 이는 참 자아를 찾아 걷고 있다. 또 어떤 이는 800㎞를 완주하겠다는 도전정신으로 걷고, 어떤 이는 다이어트를 목적으로 걷기도 한다. 이처럼 이 길은 목적 없이 떠도는 방랑이나 즐거움을 위한 여행 같은 단순한 길이 아니다. 각자가 명확한 목적을 가지고 걷는 순례이자 정신적인 길이다.

아마도 이 길은 우리 삶의 여정에서 어린 왕자의 별에 발을 내딛는 것과 같으리라. 아름다운 지구별에 있는 영혼의 쉼터와 같은 소행성, 이 길 위에서 나의 영혼은 날마다 새롭게 성장하고 있다.

> "삶은 어디서나 우리를 기다리고, 미래는 어디서나 꽃을 피운다. 그러나 우리는 아주 작은 부분만 보고 주로 그곳에만 발을 디딘다." –헤르만 헤세

산티아고 대성당으로 향하는 순례길 어디에선가 바오밥 나무와 지구별에 내려온 어린 왕자를 만날 수도 있지 않을까?

이른 아침 고요함이 깃든 숲길에서 순례의 발걸음을 시작했다.

양순아! 네가 봐도 내가 신기하지? 나도 네가 그래.

에스피날(Espinal) 성당

에스피날(Espinal) 마을

카미노 숲길에서 만난 말굽버섯

포효하는 듯한 나무 둥치. 롤단 고개(Paso de Roldan)에서 에로 고개(Alto de Erro)로 이어지는 숲길은 생명의 숨소리로 경이로웠다.

성당 앞 나무의 모습이 기이하다.

고요한 숲길을 걷는 순례자들

아르가강(Arga), 수비리 마을로 이어지는 중세풍의 라비아 다리.
광견병에 걸린 동물을 데리고 다리의 가운데 아치를 세 번 돌면
낫는다는 전설에 따라 '광견병의 다리'로 불리기도 한다.

04

한국인 순례자

수비리(Zubiri)에서 팜플로나(Pamplona) 21㎞

수리비에서 팜플로나로 이르는 길은 아르가강의 계곡 숲길과 드문드문 도로가 이어졌다. 날씨는 선선했다. 아침 기온이 서늘해서인지 초가을의 정취가 느껴졌다. 새소리, 물소리를 들으며 나는 마주치는 들꽃과 말과 양, 구름과도 인사했다.

길을 걷다 보면 한국인들을 많이 만나게 된다. 젊은이도 있고 50대 이상도 많다. 부부도 있고, 자매도 있고, 함께 걷고 있는 아빠와 아들, 엄마와 딸도 있다.

순례길은 영적 자아를 찾아가는 길이다. 그런 의미에서 난 한국 사람들이 많은 것이 좋다고 생각한다. 순례길을 걷는 이런 도전정신과 강인함이 지금의 위대한 대한민국을 만든 하나의 원동력이 되었기 때문이다.

지금 이 순간도 세계에서 손가락에 꼽을 정도로 많은 한국 사람들이 이 길을 걸어가고 있다. 그 발걸음 하나하나가 우리의 미래를 밝히는 등불이 될 것이다.

오늘도 나는 자연과 호흡하며 명상 속에서 별들의 들판을 거닐고 있다. 오늘도 참 좋은 날이다. 그대도 그러하길 바란다.

팜플로나 (Pamplona)

나바라의 주도인 팜플로나에서는 소몰이 경주로 유명한 산 페르민 축제(7월 6일~7월 14일)가 매년 열린다. 또한, 헤밍웨이가 자주 들렀다는 이루나 카페가 유명하다.

파라소아나 숲길에서 만난 친구. 넌 양이니, 송아지니?

멋진 말 친구도 만났다.

라라소아나(Larrasoanar) 마을. 집 벽의 꽃과 바퀴 모양의 특이한 장식이 이채롭다.

'모두 잘 살자!' '그래야지요.'

순례자들을 위해 만들어 놓은 마을의 우물

노란 유채꽃으로 물든
마을의 정경이 아름답다.

순례길에서 만난 튤립

길은 언제나 산티아고 데 콤포스텔
라를 향해 있다.

팜플로나(Pamplona) 구시가지로
들어서는 관문인 프랑스 문. 중세
이후로 프랑스에서 오는 순례자들
에게 언제나 문을 열어 두고 있다
는 뜻의 문이다.

헤밍웨이가 자주 들렀다는 이루나 카페.
카스티요 광장에 위치하고 있으며 현지인과 순례객들이 자주 찾는다.

스페인의 대표적인 문어 요리.
입안에서 스스로 녹는 느낌이 들 정도로 부드럽다.

스페인에서 유명한 하몽(매달려 있는 고기)

05

신의 첫 번째 메시지, 용서

팜플로나(Pamplona)에서 푸엔테 라 레이나(Puente la Reina) 24.4㎞

팜플로나의 도심지를 벗어나자 푸른 밀밭이 아득히 펼쳐졌다. 멀리 지평선이 보이는 끝없는 대지 위로 바람이 파노라마처럼 물결쳐 갔다. 바람은 눈에 보이지 않고 형체도 드러내지 않았지만, 에너지로 파동을 일으켜 푸른 밀들을 쓰다듬고 있었다.

순례길 곳곳에 노오란 물감을 흩뿌려 놓은 듯 흐드러지게 피어 있는 유채꽃이며, 송이송이 이름 모를 들꽃 위로 밤새 은별들이 내려앉았다. 나는 '별들이 지나가는 길을 따라, 바람이 지나는 곳(Donde se cruza del viento con el de las Estrellas)', 페르돈 봉을 넘어 용서의 언덕에 올랐다.

용서의 언덕에는 모두 12개의 철 순례자상이 서 있었다. 산티아고 데 콤포스텔라로 향하는 긴 여정에서 내가 마주한 신의 첫 번째 메시지! 그것은 바로 '용서'였다.

나는 언덕 위에서 지나온 나의 삶을 뒤돌아보고 후회스럽고 부끄러웠던 과거의 나와 화해하고 스스로를 용서했다. 또한 살아오면서 나에게 원망을 품었을 그 누군가에게도 진심 어린 용서를 구했다.

> "무엇보다 자기 자신을 용서해야 한다네."
> −앤디 앤드루스, 《폰더 씨의 위대한 하루》 중에서

이 세상에는, 온 우주에는 나보다 더 소중한 것은 없다. 내가 사라지면 세상도 우주도 빛을 잃고 모두 사라지게 된다.

그대도 부디 삶의 여정에서 부끄럽고 후회스러웠던 자신을 용서하기 바란다. 부디 자신을 보듬고 사랑하길 바란다. 그리고 그 자비로운 마음으로 타인을 용서하고, 신의 용서를 구하길 바란다. 언젠가 산티아고 순례길, 이 길 위에 설 그대도 가슴에서 터져 오는 자신에 대한 연민과 용서, 사랑의 힘을 느끼게 되리라.

바람의 쓰다듬음에 밀들이 춤을 춘다.

페르돈 언덕으로 이르는 길의 아름다운 풍경

페르돈 언덕(고도 790m)으로 가는 길 위에서 바람개비가 바람을 부르고 있었다.

용서의 언덕 철 순례자 조형물

페르돈 언덕(Alto del Perdon) 좌우에는 순례 도
중 별이 된 이들을 기리는 돌탑이 세워져 있다.

용서의 언덕 위에서 내려다본 정경

우데르가(Uterga)로 가는 길의 성모 마리아상

우데르가 마을 어느 집 창에 놓인 화분.
꽃이 있어 창살도 자유롭다.

오바노스(Obanos), 세레자 산 후안성당

용서의 언덕

팜플로나에서 푸엔테 라 레이나에 이르는 길에 있는 고도 790m의 언덕에 위치한, 쇠로 만든 순례자 조형물이 있는 곳이다. 용서의 언덕에 오르면 자신에 대한 용서와 타인을 용서하는 것, 그리고 신의 용서에 대해 생각하게 된다.

06

삶이 곧 순례다

푸엔테 라 레이나(Puente la Reina)에서 에스테야(Estella) 21.1㎞

이른 새벽녘, 어스름을 헤치고 오늘도 순례자들은 각자의 발걸음을 내딛고 있다. 이 길을 걷고 걸으면 산티아고 대성당에 도착하듯이 우리의 삶도 언젠가는 생의 종착역에 이르게 될 것이다.

순례자들이 각자가 선택한 자신의 배낭을 메고 가듯, 우리도 자신이 선택한 만큼의 몫을 안고 삶을 살아가고 있다. 때로 자신에게 맞지 않는 무게의 배낭은 순례자의 어깨를 짓누르고 발걸음을 더디게 한다. 우리도 때로 삶의 여정에서 이처럼 자신이 감당하기 힘든 삶의 무게로 인해 버거울 때가 있다.

나는 우리가 짊어지고 가는 배낭도, 삶의 무게도 너무 가볍거나 너무 무겁지 않았으면 한다. 적당한 무게로 즐기면서 순례하는 것, 매일매일 나의 영혼을 성장시켜 나가듯 우리의 삶도 그러했으면 한다.

우주께서는 나와 그대가 이 지구별 어디에서나 행복한 순례를 하기를 원하신다. 진정 그러하다. 오늘도 어디선가 삶의 순례를 계속하고 있을 그대를 응원한다.

에스테야(Estella)

은하수, 콤포스텔라로 가는 '별의 길'과 연계해 스페인어로 '별'이라는 뜻의 '에스테야'라는 지명이 만들어졌다. 에스테야는 1090년 카스티야 왕국의 왕 산초 라미네즈(Santiago de Conpostela)에 의해 세워졌다. 로마네스크 양식의 성당, 교회 등이 건축되면서 도시로 발달했다.

푸엔테 라 레이나(Puente la Reina)의 석양에 불새가 날고 있다.
자연이 시시각각 그리는 그림은 예술이다.

이른 새벽, 장엄한 해가 도심 한가운데로 솟아오르고 있다.
저 멀리 푸엔테 라 레이나 성당의 모습과 함께 마을 전체가 강렬한 햇살에 빛나고 있다.
위대한 자연의 힘과 에너지가 세상을 물들이고 있는 모습은 절로 감탄을 자아낸다.

떠오르는 아침 해가 신비롭게 느껴지는 푸엔테 라 레이나 다리

새벽 어스름 풍경

시라우키(Cirauqui) 마을 전경.
한 폭의 그림을 보듯 평화로운 마을 풍경이다. 타임머신을 타고 중세시대에 온 듯하다.

대지의 화폭에 담긴 한 점 수채화 올리브 나무

순례길 곳곳에 펼쳐져 있는 포도밭에 구름가지가 걸렸다.

에스테야(Estella)

중세 돌다리

07

우리는 아프면서 성장해 간다

에스테야(Estella)에서 로스 아르코스(Los Arcos) 21.7㎞

순례 여섯째 날, 순례자들의 몸 여기저기서 구조 신호를 보내고 있다. 발에는 물집이 잡히고 무릎은 걸을 때마다 통증이 인다. 배낭은 어깨를 짓누르고 허리도 아프단다. 강렬한 햇살에 피부도 빨갛게 도드라져 몸살이다.

그렇지만 그 누구도 쉽게 이 길을 포기하지는 않는다. 바늘과 옷핀으로 물집을 터뜨리고, 무릎과 발목엔 압박붕대를 감고서 몸을 달랜다. 그래도 안 되면, 진통제도 먹는다.

그런데 이렇게 여기저기 터지고 붓고 깨지면서 우리가 의식하지 못하는 사이에 순례자들의 발과 다리는 더욱더 튼튼해져 가고 있다. 아픈 만큼 우리의 신체는 더욱 강해지고 있는 것이다.

이 길 위에서 중요한 것은 덜 아픈 것이 아니다. 아픔 속에서도 결코 자신의 길을 포기하지 않는 것이다. 우리의 삶도 그러하지 않은가?

힘들고 고통스러운 순간과 마주하더라도 절대로 포기하지 않고 희망을 향해 앞으로 나아가는 것, 그것이 이 지구별을 순례하는 우리의 삶에 대한 자세였으면 한다.

오늘도 지구별에서 그대가 행복하길 바란다.

무릎 보호대를 착용하고 걷고 있는 순례자

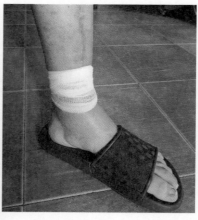

알베르게에서 만난 이탈리아 할아버지는
아픈 발을 하고 다음 날도 절룩거리며
순례를 떠났다.

풍경에 취하다

오늘도 순례 여정에서 만난 풍경들은 한 폭의 그림이다. 우주에서 초록별들이 산티아고 들판에 흩뿌려져 있다가 밤이면 하늘로 올라가 별이 되는 것일까? 길을 따라 수놓은 녹색 별, 노란 별의 풍광에 절로 취하게 된다.

풍경에 취하면 이유 없이 배시시 웃고, 콧노래도 흥얼거리고, 마주치는 순례자들에게 리액션을 해 가며 인사를 건네게 된다. 순례길에선 풍경에 취해 비틀거리지 않도록 주의해야 한다.

이라체(Irache)의 대장간

이라체 와인 샘.
수도원에서 물과 와인을 무료로 제공하고 있다.
왼쪽 수도꼭지는 와인, 오른쪽은 생수다.

아름다운 몬 하르딘(Monjardin)성

풍경은 절로 그림이 된다.

유채가 세상을 노랗게 물들였다.

저녁식사 파에야(Paella).
고기, 해산물, 야채를 넣어 만든 요리로
우리나라의 볶음밥과 비슷하다.

길은 이어지고 그 길을 따라 순례도 계속된다.

08

여기는 파라다이스입니다

로스 아르고스(Los Arcos)에서 로그로뇨(Logrono) 27.8㎞

산티아고 순례길은 매년 100여 개 나라 30여만 명의 순례객들이 찾고 있다. '사서 고생한다'라는 우리 속담처럼 어쩌면 고행의 길일 수도 있는 이 길을 사람들은 왜 그렇게 걷는 것일까? 어떤 이는 종교적 이유로, 또 어떤 이는 자아를 찾기 위해서, 어떤 이는 건강이나 힐링, 문화체험 등 각자의 목적을 안고 걷고 있으리라.

나는 순례 내내 누가 시키지도 않은 힘든 여정을 걷고 있는 이들에게서 그들만의 특별함을 느낄 수 있었다. 열린 마음과 따뜻한 눈빛, 그리고 타인에 대한 배려와 존중이 그들에게서 묻어났다. 물론 나 또한 그러했다.

이 길 위에선 인종과 종교, 명예와 부, 남자와 여자, 그리고 나이의 차별이 없었다. 오로지 자신의 어깨 위에 멘 배낭과 함께 두 발로 각자의 길을 걸어가고 있었다. 알베르게에는 도착한 순서대로 방을 배정받고, 모두가 한정된 공간에서 먹고 자고 씻었다.

유럽에서 한 달여간 여행하며 인종 차별을 경험했던 한 한국 청년은 "여기는 파라다이스입니다. 다들 천사 같아요."라고 말했다. 물론 이 길을 벗어나면 그 청년이 느꼈던 차별은 여전히 존재할 것이다. 그래도 희망적이지 않은가?

이 길 위에서 내가 경험하고 있는 인간애, 차별 없는 평등함, 그리고 부와 명예, 출세와 관계없이 행해지는 타인에 대한 존중과 배려가 이 길에서 지구별 곳곳으로 퍼져 나간다면 이 세상은 더 아름다워질 것이다. 그것이 선한 우주의 뜻이리라. 먹빛 수채화로 물든 별들의 들판을 노닌 오늘도 참 좋은 날이다.

로그로뇨(Logrono)

스페인 중북부 라리오하주의 주도이다. 에브로강 유역에 있으며 로마 시대에 건설되었다. 중세와 현대가 어우러져 있으며, 유명한 와인 생산 중심지다. 매년 9월 말 이곳에서 산 마테오 와인 축제가 열린다.

간간히 비가 흩뿌리는 아침,
길을 걷고 있는 아저씨의 배낭이
멋지다.

토레스 델 리오(Torres del Rio) 마을이 눈에 들어온다. 마을은 언제나 반갑다. 나의 연인 같다.

돌무더기 케론(Carin), 중세에는
몽주아(나의 기쁨)이라고 불렀던
이러한 돌 무더기 들이 순례길을
안내하는 이정표 역할을 했다.

아름다운 양귀비꽃

비아나. 이곳은 순례길이 마을을 관통한다. 이 중세 마을은 과거 군사 요충지였다.
이곳은 산타 마리아 성당과 성당 내부에 있는 성 야고보 상이 유명한 곳이다.

산 블라스 예배당

로그로뇨(Logrono)로 진입하는 숲길

09

당신의 인생도 저기 넣어 두고 싶은가?

로그로뇨(Logrono)에서 나헤라(Najera) 29.4㎞

산티아고 데 콤포스텔라로 향하는 길은 노란 화살표와 조가
비가 이정표가 되어 순례자들의 발길을 이끌고 있다.

"보물이 있는 곳에 도달하려면 표지를 따라가야 한다네. 신
께서는 우리 인간들 각자가 따라가야 하는 길을 적어 주셨
다네." –파울로 코엘료,《연금술사》중에서

《연금술사》에서 양치기 소년 산티아고가 보물을 찾아 사막으
로 떠난 것처럼 순례자들은 각자의 보물을 찾기 위해 이 길에

섰다.

목동 산티아고가 갔던 사막의 길도, 순례자들이 걷고 있는 카미노 길도 모두 익숙함에서 낯선 세상으로의 도전이자 모험이다. 사막이나 순례길, 혹은 삶의 어느 길에 있든 중요한 것은 현실에 안주하지 않고 자신의 꿈을 향해 계속해서 나아가는 것이다.

가브리엘 대천사는 폰더 씨에게 사람들이 미처 이루지 못한 희망, 공상으로 끝난 계획들이 가득 쌓인 창고를 보여 주며 물었다.
"당신의 인생도 저기 넣어 두고 싶은가?"
—앤디 앤드루스, 《폰더 씨의 위대한 하루》 중에서

그대가 꿈이 있는 한 그리고 그 꿈을 포기하지 않는 한 언젠가는 그대가 걷고 있는 그 길에서 그대만의 보물을 찾게 될 것이다. 기억하라. 지금 이 순간, 그대 가까이에서 희망의 이정표가 보물을 찾아 떠나게 될 그대의 발길을 기다리고 있다는 것을……

수비리로 가는 나무 이정표　　　　　　　　하늘로 가는 이정표

로딩 27%　　　　　　　　　　　　　표지석 위의 솔방울

부엔 카미노
(부디 좋은 길을 가세요)

수달 모양을 한 나무 이정표

로고로뇨(Logrono)에서 나헤라(Najera)까지 도로와 작은 자갈길
들은 영원히 끝나지 않을 것처럼 이어졌다. 뜨거운 태양 볕 아
래 무릎은 시큰거리고 발바닥은 불이 난 듯 화끈거렸다. 그래
도 계속 변하는 풍경들과 순례자들끼리 서로 주고받는 격려와
웃음이 큰 힘이 된다.

카미노 길을 걷다 보면 아름다운 숲길도 만나고 도로도 만나
고 오늘처럼 자갈길도 만나게 된다. 때론 높은 언덕길을 힘겹
게 오르기도 하고 경사가 심한 내리막길도 걷게 된다.

그러나 아름다운 길을 걸을 때만 행복한 것은 아니다. 순례
길 어느 길이나 축복이고 감사한 길이다. 그 길이 모두 걷기 편
하고 풍경이 아름다워서가 아니라 내 마음에 이 길을 걸어가는
것에 대한 감사와 기쁨이 있기 때문에 모든 길이 아름답게 느껴
지는 것이다.

독일 프랑크프르트에서 태어난 유대계 독일인 소녀 안네 프
랑크는 독일 나치의 유대인 박해로 암스테르담에서 2년간 숨어
지내면서도 삶의 희망을 이야기했다.

"오늘 나는 행복한 사람이 될 것을 선택하겠다."

– 안네 프랑크, 《안네의 일기》 중에서

순례의 길도, 삶의 길도 모두가 축복이고 감사이다. 지금 이 순간, 그대가 어느 길 위에 서 있든 내일의 행복을 기다리지 마라. 바로 오늘, 행복한 사람이 될 것을 선택하라.

도로와 자갈길을 걸어도 행복한 오늘도 소풍 같은 축복의 날이다.

조가비에 전해 오는 신화

산티아고 순례길의 상징이자 이정표가 된 조가비에는 전설이 전해 내려온다. 사도 야고보가 동쪽 땅끝 갈리시아 지방에서 복음을 전파하고 로마로 돌아갔으나(AD 44년) 헤롯왕 아그리파 1세에 의해 참수당하게 된다. 예수의 열두 제자 중 첫 번째 순교였다. 제자들은 시신을 몰래 빼내 수습한 후 배에 실어 스페인 북쪽으로 떠나보냈다. 그러나 풍랑을 만난 배는 좌초되고 시신의 행방은 알 수 없게 되었다.

그러던 어느 날 하늘에서 밝은 별빛이 비추는 곳을 사람들이 따라가 보니 그곳에 야고보의 시신을 수습한 관이 놓여 있었다. 야고보의 관은 수많은 조가비에 둘러싸여 보호되고 있었다. 그렇게 해서 조가비는 산티아고 순례길을 이끄는 중요한 상징물이 되었다.

그라헤라(Grajera) 저수지에서 백조가 노닐고 있다.

순례자들에게 음악을 선사하고
있는 카미노 악사. 순례길에서 듣
는 음악은 한여름 시원한 청량제
이다.

소테스로 가는
길가에 세워진 양치기 조형물

그라헤라 고갯길을
오르고 있는 순례자들

나헤라(Najera). 이 지역은 11~12
세기 나바르 왕국의 수도였다.

10

좋은 생각은 고통을 줄이는 진통제이다

나헤라(Najera)에서 산토 도밍고 데 칼사다(Santo Domingo de Calzada) 21㎞

나헤라(Najera)에서 출발한 순례길은 정겨운 시골길이다. 순례길 좌우로 경작지들이 한 폭의 아름다운 그림같이 펼쳐져 있다. 유채꽃은 녹색 대지 위에 노란 물감을 흩뿌려 놓았다.

신이 그린 밑그림에 인간이 그려 넣은 수채화는 한 점의 명화와도 같다. 아름다운 길과 풍경은 순례자들의 발걸음을 가볍게 하고 절로 콧노래를 부르게 한다.

히말라야 정상에 오르는 산악인들이 고산증으로 괴로울 때 좋은 생각을 떠올리면 고통이 감소한다고 한다. 좋은 생각이 진통제 역할을 하는 것이다. 나쁜 생각을 하게 되면 좋은 생각을 할 때보다 더 많은 산소, 더 많은 에너지가 소모되고 몸도 더 빨리 지치게 된다고 한다.

순례길도 우리의 삶도 모두 이와 같으리라. 아무리 힘들고 어려운 길이더라도 좋은 생각, 긍정적인 생각들로 걸어가다 보면 분명 즐거움이 샘솟을 것이다. 좋은 생각을 마음에 담고 웃으며 걸은 오늘도 참 행복한 날이다.

아소프라(Azofra)로 가는 붉은 흙길

아소프라(Azofra)에서 시루에나(Ciruena)로 이어지는 경작지의 아름다운 풍경

산토 도밍고 대성당

밀밭 끝에 서 있는 소나무가 마치 개미처럼 보인다.

오 페드로우소(O Pedrouzo) 시청의
닭 조형물

수탉과 암탉의 기적 이야기

산토 도밍고에는 대성당 닭장 '수탉과 암탉의 기적'이라는 전설이 전해진다.
어느 날 순례자 부부와 그의 잘생긴 아들이 산토 도밍고의 한 여관에 묵었다.
여관집 딸은 청년에게 반한다. 그런데 청년이 그녀에게 눈길을 주지 않자 금
으로 된 술잔을 청년의 가방에 몰래 숨겨 그를 도둑으로 몰았고, 청년은 결국
교수형에 처해졌다.
아들의 교수형에도 불구하고 부부는 순례를 계속했다. 그리고 순례를 마치고
산티아고로 돌아오는 길에 교수대에 매달려 있는 아들을 발견하게 된다. 그런
데 놀랍게도 아들이 산토 도밍고의 도움으로 기적적으로 살아 있었다.
재판관은 자신들의 아들이 살아 있다는 노부부의 이야기를 듣고 "지금 먹으려
는 닭고기처럼 당신의 아들은 더 이상 살아 있지 않다."라고 했다. 그러자 갑
자기 접시 위에 닭들이 살아나서 큰 소리로 울었다. 닭들이 살아나는 기적에
놀란 재판관은 부부의 아들을 사면했다고 한다.

Part 02

감사

우주께서는 나에게 '모든 것에 감사'하라고 했다. 그랬다.

지구별에서 내가 누리고 있는 모든 것이, 모든 순간이 감사였다.

감사는 나를 정화시켰다. 마음은 한없이 평온했다.

나의 영혼은 산티아고 순례길에서 새롭게 거듭나고 있었다.

01

산티아고 순례길이 궁금하다고?

나헤라(Najera)에서 산토 도밍고 데 칼사다(Santo domingo de Clazada) 21㎞

 산티아고 순례길은 스페인에 15개, 프랑스에 7개, 포르투갈에 하나의 순례길이 있다. 이 중 가장 기본적인 루트는 9세기부터 시작된 카미노 프란세스(El Camino Frances), '프랑스 길'이다.

 프랑스 길은 프랑스 생 장 피에드 포르 지역에서 산티아고 대성당에 이르는 총 800㎞의 길이다(표기된 것은 799㎞). 이외에도 프랑스 길에서 대성당을 거쳐 피니스테라, 묵시아까지 이어지는 총 930㎞의 길과, 프랑스 길과 북쪽 길(1,230㎞), 프랑스 길과 포르투갈 길(1,080㎞) 등이 있다.

 순례길은 한 루트를 선택해서 처음부터 끝까지 완주할 수도 있고, 원하는 지점에서부터 걷기 시작해 산티아고 대성당까지 갈 수도 있다. 순례자들은 순례자용 여권인 크레덴시알(Credecial)을 발급받는다. 이것은 순례자 숙소인 알베르게를 이용할 수 있는 신분증명서이자 자신이 걸은 거리를 증명하는 증서이기도 하다. 산티아고 대성당에 도착하면 크레덴시알에 찍힌 알베르게의 스탬프(쎄요, Sello) 날짜를 근거로 완주증서를 발급받게 된다(5유로). 스탬프는 성당과 식당, 바(Bar) 등에서도 받을 수 있지만, 완주를 증명하는 것은 알베르게의 스탬프이다.

완주증은 도보의 경우 100㎞ 이상, 자전거 순례는 200㎞ 이상이면 받을 수 있다.

프랑스 길 완주 증명서

순례자의 의식주

알베르게(순례자 숙소)는 시(市)나 천주교 재단에서 운영하는 공립과 개인이 운영하는 사립으로 나뉜다. 공립은 5~8유로 내외이고, 사립은 이보다 조금 더 비싸다.

알베르게는 대체로 정오부터 오후 두 시 사이에 숙소를 개방한다. 그리고 밤 열 시면 숙소 문을 잠그고 소등한다(대도시의 경우 밤 열한 시에서 열두 시인 경우도 간혹 있다). 숙소 문을 일찍 닫고 정해진 시간에 취침하도록 하는 것은 다음 날 순례를 하는 순례자 모두를 위한 조치이다.

알베르게에 도착해 카운터에서 순례자 여권에 스탬프를 받고 나면 침대를 배정해 준다. 침대는 기본적으로 나이와 성별에 관계없이 오는 순서대로 배정된다. 화장실과 샤워장은 남녀 공용이거나 남녀가 사용하는 곳이 각각 구분되어 있기도 하다.

순례길에서 아침은 커피나 빵(5유로 내외) 등 간단히 먹고, 점심이나 저녁은 순례자 메뉴(10~12유로)나 단품 요리를 먹는다. 순례자 메뉴는 애피타이저(샐러드, 수프 등)와 메인 요리(닭고기나 돼지, 소고기 등), 후식(과일이나 요구르트, 아이스크림 등), 그리고 와인(맥주)이 나오는 세트 메뉴인데 양이 많은 편이다. 후식으로 과

알베르게에 도착한 순례자가 순례자 여권에 확인 도장을 받고 있다.

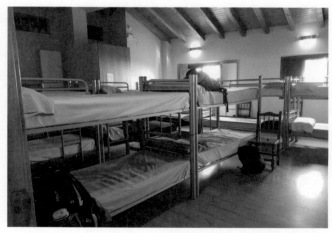

침대는 주로 2층 철제나 나무침대이다.

일을 주문하면 바나나 한 개가 나오는 경우가 많아 순례자들의 웃음을 자아내곤 했다.

주방에서 요리가 가능한 숙소에서는 마트나 시장에서 장을 봐 직접 요리를 해 먹을 수도 있다. 여러 명이 함께 장을 봐 요리해 먹는 것도 순례길에서의 큰 즐거움 중 하나이다.

순례 중에 빨래는 손빨래를 하거나 세탁기와 건조기를 이용하면 된다. 직접 손빨래를 할 경우에는 알베르게마다 갖춰져 있는 빨래터를 이용한다. 빨래터는 실내나 야외에 구비되어 있다. 빨래를 공용 세면장이나 샤워장에서 하는 경우가 있는데 이런 경우 주위의 따가운 눈총을 받을 수도 있다.

세탁과 건조기 사용 요금은 대략 6~7유로 정도 한다. 순례 도중 비에 젖었거나 무척 피로한 날 이용하면 편리하다. 빨랫감이 적으면 두세 명이 함께 이용하면 비용 부담을 줄일 수 있다. 빨래 건조는 알베르게 옥상이나 야외에 마련된 건조대를 이용하면 된다.

오 페드로우소(O Pedrouzo)에 있는 사립 알베르게의 야외 빨래 건조대이다.

걷기 위해 필요한 것은 다 있다

배낭이나 기타 다른 짐들은 배송 서비스를 이용해 다음 목적지의 알베르게에 보낼 수 있다(5유로 내외). 알베르게 카운터 리셉션에 여러 배송업체의 송장이 비치되어 있다. 그중 한 업체를 선택해 비치된 봉투에 요금을 넣고 도착지의 주소를 적어 배낭에 묶어서(꼬리표처럼 묶을 수 있다) 숙소 내에 지정된 장소에 짐을 놓아두면 된다. 그러면 배송업체가 알베르게를 돌면서 수거해 다음 목적지로 배송해 준다.

알베르게에 비치된 배송업체를 이용하지 않고 자신이 원하는 다른 업체에 직접 전화를 걸어 배송할 수도 있다. 또한 짐의 무게가 20kg이 넘어갈 경우에는 추가 요금을 내야 한다.

산티아고 순례길을 가 보지 않은 경우, 단체로 이루어지는 알베르게에서의 순례자 생활이 걱정될 수도 있다. 그러나 직접 가서 해 보면 누구나 쉽게 할 수 있다. 필요하면 다른 순례자들의 도움도 받을 수 있다. 한국인 순례자들도 많다. 순례 도중 단 하루도 한국인을 만나지 못하는 경우는 사막에서 바늘 찾기만큼 어려운 일이다.

그리고 산티아고 순례길에는 순례자가 먹고 마시고 걷고 자는 데 필요한 음식점, 마트, 바(Bar), 카페, 약국, 병원, 숙소 등 모든 것이 다 있다.

다소 불편할 수는 있어도 이 또한 인생의 소중한 경험이자 값진 추억이 될 것이다. 이제 그대는 걷기 위해 이 길에 서기만 하면 된다.

02

사막에서 만난 오아시스

산토 도밍고 데 칼사다(Santo domingo de Clazada) / 레온(Leon)

순례길에서 특별한 요리를 맛보는 것은 참 행복한 일이다.
마치 사막을 헤매다 오아시스를 만난 기분이랄까?

산토 도밍고에서 그리고 레온에서 만난 2019 미슐랭가이드
요리는 순례자인 내게 주는 아주 특별한 우주의 선물이었다.
쉐프의 정성이 깃든 요리에 눈이 즐겁고 입이 즐겁고 마음 또한
즐거웠다.

> "새로운 요리의 발견이 새로운 별의 발견보다 인간을 더 행
> 복하게 만든다." -앙텔므 브리야 샤바랭

그대의 일상에도 이벤트 같은 소소한 행복이 전해지길 바란다. 삶은 매 순간이 감동이다. 그리고 그 감동은 그대 자신이 만드는 것이다.

koi 육회 요리

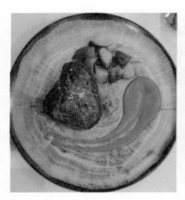

산토 도밍고에서 만난 2019 미슐랭가이드 식당. 망고와 송로버섯, 코코넛 가루가 결합된 애피타이저와 메인 요리로 안심스테이크를 먹었다. 눈과 입이 즐거운 요리였다.

2019 미슐랭가이드 koi 일식당(레온). 스페인 순례길에서 사시미 요리를 맛보다.

03

길 위에서 별이 되다

산토 도밍고 데 칼사다(Santo domingo de Clazada)**에서**

벨로라도(Belorado) **23.9㎞**

　얼마 전 하늘나라로 가신 아버지의 사진을 순례길 길가의 푯
말에 꽂아 놓고 서 있는 그녀의 눈가가 촉촉했다. 아마도 그녀
는 아버지를 아직 그녀의 마음속에서 떠나보내지 못했나 보다.

　그녀의 마음이 내 마음속으로 훅 밀쳐 들어왔다. 순간 나 또
한 울컥했다. 오래전 돌아가신 아버지가 생각났기 때문이다.
나를 세상에 태어나게 하신 나의 아버지. 이 지구라는 별에 나
를 내려놓으시고 병환으로 그리 길지 않은 생의 순례를 마치고
먼 우주 어느 별인가로 떠나신 나의 아버지.

나는 오랜만에 아버지에게 안부를 물었다. 어느 별에선가 잘 지내시냐고……. 그리고 '고맙다'고, '사랑한다'고…….

아버지의 사진을 가슴에 품고 이 먼 곳까지 온 그녀도, 이제 산티아고 순례길에서 별이 될 그녀의 아버지도 모두 평안하시 길 기도했다.

나도 언젠가는 이 지구별 순례를 끝마칠 것이다. 그때 아버 지께 말씀드리리라. 참 아름다운 순례였노라고, 그리고 진정 행복했노라고!

지금 이 순간 지구별 어디선가 순례하고 있을 그대도 진정 행 복하길 바란다.

오늘은 가슴에서 가슴으로 따뜻한 온기가 퍼진 참 감동적인 날이다.

아버지의 사진을 가슴에 품고 먼 길을 달려온 그녀, 그녀의 눈가가 젖어 있었다. 그녀의 아버지는 이제 비아프랑카 몬테스 데 오카 (Villafranca Montes de Oca)에서 별이 될 것이다.

그라농(Granon)으로 가는 길의 밀밭과 유채가 있는 풍경

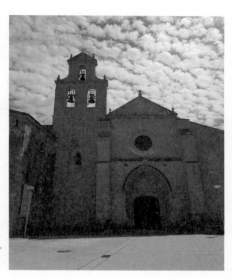

산타 마리아 성당.
16세기 지어진 성당에는 순례자
산티아고의 상이 있는 재단이 있다.

벨로라도(Belorado)로 들어서는 길

04

운명적인 만남

벨로라도(Beloado)에서 오르테가 아헤스(San Juan de Ortega Ages) 27.7㎞ /

오르데가 아헤스에서 브루고스(Burgos) 20.8㎞

두 아버지가 걷고 있다. 한 아버지의 딸은 2016년에 이 길을 걸었고, 다른 아버지의 딸은 2017년 이 길을 걸어갔다. 두 아버지의 두 딸은 순례를 마치고 수녀가 되었다. 두 딸은 수녀원에 들어가기 전 그들의 어머니께 수녀가 되겠다는 길고도 긴 장문의 편지를 썼다.

그리고 2019년 4월 말, 그 두 딸의 두 아버지가 딸들이 걸어갔던 길을 찾아 이곳 산티아고로 왔다. 그들은 딸들이 멨던 그 배낭을 메고서 순례를 하다가 이 길 위에서 우연히 만났다. 진짜 우연일까?

우리의 삶에 우연은 없다. 작가 팸 그라우트는 "모두가 자신이 끌어당긴 현실이다."라고 했다. 보이지 않는 힘, 우주께서 영혼이 서로 얽힌 두 딸의 아버지들을 이곳으로 이끌었으리라.

지금 이 길을 걷고 있는 순례자들도 그리고 그대 주변의 사람들도 모두 어느 별에선가 함께하지 않았을까? 삶의 길에서 잠시 스치는 인연이라 할지라도 그 만남은 결코 가볍지 않다.

오늘 순례길은 자갈길과 도로가 끝없이 이어진 길에 비바람이 세차게 몰아쳤다. 바람은 구름을 흩뜨리고 들판을 휘적였다.

비와 바람과 동행한 오늘도 행복한 날이다. 지구별을 순례하고 있는 모든 날이 아름다운 날이다.

산티아고 순례길에서 운명처럼 만난 두 남자

브루고스(Burgos) 산타 마리아 대성당.
13세기 건축된 세계문화유산이다.
수 세기에 걸쳐 뛰어난 건축가들에 의해 아름답게 장식되었다.

이른 아침 바람이 불어 가는 들판

브루고스 시내 공원

부르고스 (Burgos)

9~11세기 카스티야 왕국의 수도였으며, 고딕 양식의 부르고스 대성당과 엘시드의 동상, 옛 왕궁 등 많은 유적이 있는 대도시이다. 스페인의 국민 영웅인 엘시드의 고향이기도 하다.

그는 이베리아 반도가 이슬람 무어인들에 점령당해 그리스도교를 중심으로 독립운동을 전개할 때 맹활약한 영웅이다. 영화 〈벤허〉로 유명한 찰톤 헤스톤과 소피아 로렌이 주연한 고전 영화 〈엘시드〉의 주인공이다.

이곳 부르고스는 카스티야 이 레온 자치주에 속한다. 순례길에서 지나온 중세 마을 나바레테와 옛 나바라 왕국의 수도였던 나헤라, 산토 도밍고와 그라뇽을 지나서 만나게 되는 곳이 바로 카스티야 이 레온 지역이다. 카스티야 이 레온은 9개 주로, 스페인 17개 자치지역 중에서 가장 넓은 면적을 차지하고 있다. 순례길은 9개 주 중에서 이곳 부르고스와 팔렌시아, 레온 3개 주를 지나게 된다.

05

자신을 더 높이 탐험하라

부루고스(Burgos)에서 온타나스(Hontanas) 31.3㎞

나는 무엇이든 할 수 있고 무엇이든 될 수 있으며, 무엇이든
원하는 것을 이룰 수 있다. 나는 무한한 힘을 가진 에너지이다.
나는 생각의 에너지를 집중해 의식 속에 불어넣으며 한 발 한
발 걸음을 내딛었다.

걸으면서 하는 걷기 명상은 나를 장엄한 생각의 해협으로 이
끌어 갔다. 마음속에 일던 잡스러운 생각은 사라지고, 나는 오
로지 나에게 집중했다. 이내 마음은 평온해지고 온전한 현재
순간은 내면에서 꽃처럼 피어났다.

"자신을 더 높이 탐험하라. 자신의 내부에서 전혀 새로운 대륙을 발견하는 콜롬버스가 되어 새로운 해협을 열어라. 무역이 아닌 생각의 해협을……."

– 헨리 데이비드 소로

명상 속에서 잠재된 무의식을 일깨우며 참 자아를 찾아가는 길. 이 길이 끝나는 곳에는 또 어떤 새로운 길이 나를 기다리고 있을까?

카미노 길을 함께 걷던 일본 친구 유키(YuKi) 상은 10일간의 짧은 순례를 끝내고 자신의 일상으로 돌아갔다. 하지만 언젠가 다시 이 길 위에 설 때까지 그녀는 결코 이 길을 잊지 않으리라.

다시 돌아오기 위해 떠난 길. 그 길에는 함께했던 추억이 오롯이 남았다. 그대, 지구별 어디에서든 부디 행복하시라.

순례길 건물 벽면에 그려진 벽화

'노새 죽이는 내리막길' 지명이 재미있다.

오르니요스 델 카미노(Homillos del Camino),
산타 마리아 성당

라베 데 라스 칼사다스(Rabe de las Calzadas).
메세타(Meseta) 고원이 시작되는 마을이다.

오늘 묵을 알베르게

순례길에서의 걷기 명상법

걷기 명상은 매 걸음을 걸으면서 거기에 완전히 몰입하는 것이다. 걷는 발과 다리에서 자세와 걸음걸이에서 걷는 감각 그 자체를 느끼는 것이다.

> "걷기 명상은 움직임 속의 고요함, 물 흐르듯 하는 마음챙김(Mindfulness) 명상법으로 우리의 생각과 감정을 정돈함으로써 마음과 뇌를 쉬게 하고 마음 가득 에너지를 채우는 것을 말한다."
> −존 카밧진, 《왜 마음챙김 명상인가?》 중에서

산티아고 순례길을 걸으면서 하는 걷기 명상은 내면의 평화를 불러오고 잠재된 무의식을 일깨우는 자기수행의 방법이다. 이러한 걷기 명상을 통해 내면의 소리에 귀를 기울임으로써 참차아를 만날 수 있다.

06

신의 두 번째 메시지, 감사

온타나스(Hontanas)에서 보아디야 델 카미노(Boadilla del Camino) 29.5㎞

이른 아침 나선 순례길, 간간이 비바람이 몰아쳤다. 모스텔라레스 고개 정상에 올라서자 비가 그쳤으나 여전히 하늘은 잿빛이다. 바람은 계속해서 짙푸른 녹색 물결을 일렁였다. 메세타 고원을 자유로이 넘나드는 저 바람은 지금 세상 끝으로 불어가고 있다. 어느 순간 나는 바람이 되고, 바람은 내가 되었다.

언덕을 넘어 지평선 끝조차 아득한 저 광활한 푸른 초원을 마주하자 갑자기 마음 깊은 곳에서 울컥하며 눈시울이 붉어졌다. 심장은 격렬하게 요동치고 그 흔들림으로 어깨까지 들썩였다. 눈물이 흘러내렸다.

저 깊은 곳에서부터 걷잡을 수 없이 솟구쳐 오르는 그것은 '감사'였다. 거대한 자연 앞에 마주 선 나는 아주 작은 존재였다. 그러나 우주는 그런 나를 사랑으로 감싸고 있었다. 광활한 대지도, 세상 끝으로 불어 가는 바람도 모두 나를 끌어안았다.

우주께서는 나에게 '모든 것에 감사'하라고 했다. 그랬다. 지구별에서 내가 누리고 있는 모든 것이, 모든 순간이 감사였다. 감사는 나를 정화시켰다. 나의 마음은 한없이 평온했다.

나의 영혼은 산티아고 순례길에서 새롭게 거듭나고 있었다.

보아디야 델 카미노(Boadilla del Camino)로 이르는 길의 아름다운 풍경

모스텔라레스 언덕 위에 올라서자
끝없이 펼쳐진 광활한 초록 대지가 가슴으로 밀쳐 왔다.
바람은 들판을 휘적이며 세상 끝으로 불어 갔다.
일순간 장엄한 대지 앞에서 나는 감격했다. 감사의 눈물이 솟구쳤다.

흐릿한 하늘, 잿빛 구름 사이로 붉은 흙길이 끝없이 이어졌다.

산 안톤(San Anton) 수도원.
장엄한 고딕 양식의 중세 수녀원
이다. 지금은 외형만이 남았다.

산타 마리아 델 만사노 성당

모스텔라레스 고개 정상의
철 십자가 조형물

모스텔라레스(Alto de Mostelares) 고개(915고지)

한 그루의 나무는 그대로 그림이다.

중세 순례자 마을 보아디야 델 카미노 성당

07

그대의 삶은 기적이다

보아티아 델 카미노(Boadilla del Camino)에서
카리온 데 로스 콘데스(Carrion de los Condes) 25.7㎞

난독증이 있던 카라 포슨. 그녀는 고등학교를 중퇴했고, 열아홉 살에 미혼모가 됐다. 마약에 빠졌으며, 한 달 165달러로 생활하기도 했다. 그러나 그녀는 언제나 '세상에 안 될 일은 없다'고 굳게 믿었다. 그녀의 꿈은 배우였다.

> "나는 무엇이든 할 수 있다. 나는 무엇이든 될 수 있다. 아무도 내가 할 수 없다는 말을 하지 않았다. 나는 항상 불가능이 아니라 가능이라는 관점에서 생각한다." -카라 포슨

그녀는 1983년 브로드웨이에서 〈원우먼쇼(The Spook Show)〉에 출연했으며, 스티븐 스필버그의 영화 〈컬러 퍼플(The Color Purple)〉의 주연으로 캐스팅됐다. 이후 카라 포슨은 우피 골드버그(Whoop Goldberg)로 개명했다.

"나는 무엇이든 할 수 있고 무엇이든 될 수 있으며 무엇이든 원하는 것을 이룰 수 있다. 나는 무한한 힘을 지닌 에너지이다."

산티아고 순례길에서 걷기 명상을 하며 되뇌고 있는 나의 말들과 우피 골드버그가 신념처럼 했던 말이 너무나도 흡사해 놀라웠다. 특히 앞 두 문장은 완전히 같다. 나는 우피 골드버그의 자서전을 읽은 적이 없다. 또 우피 골드버그의 삶에 대해서도 들어 보지 못했다.

그렇다. 불가능은 없다. 단지 불가능하다고 믿는 세상의 믿음이 있을 뿐이다. 그대가 불가능이라는 의식을 가능성의 장으로 바꿀 수만 있다면 놀라운 기적들을 만나게 될 것이다. 그대의 삶이 기적이 될 것이다.

이른 아침 안개에 휩싸인 신비로운 풍경

18세기에 건설된 수로 카스티야 운하의 아름다운 모습. '강물에 비친 갈대와 나무의 자화상'

카스티아 운하. 18세기에 건설된 수로이다. 수로변을 안개가 휘감고 있다.

포블라시온(Poblacion)으로 이어지는 고가다리의 순례자 조형물

사진을 찍는 순례자와 그녀의 사진에 담기게 될 풍경은 내 사진 속 풍경이 되었다.

한국에서 온 순례자들이 안갯길을 걷고 있다.

08

배낭이 알려 준 삶의 무게

**카리온 데 로스 콘데스(Carrion de los Condes)에서
테라디요스 데 로스 템플라리오스(Terradillos de los Templarios) 26.8㎞**

파란 하늘이 눈부시다. 하늘 정원엔 구름이 추상화를 수놓았다. 카미노 길 좌우로는 광대한 녹색 물결이다. 아득한 지평선은 파란 하늘과 녹색 대지를 갈라놓고 있다. 살랑살랑 불어 가는 바람이 정겹게 속삭인다. 걸으면서 하는 명상 중 천 년 동안 이 길을 거쳐 간 중세 순례자의 환영이 문득문득 떠올랐다.

지금 이 순간, 순례자들은 각자가 선택한 만큼의 무게를 배낭에 지고서 이 길을 걸어가고 있다. 때로 힘겨워 보이기도 하고 헐거워 보이기도 하며 적당해 보이기도 하는 배낭들. 고스

란히 전해져 오는 배낭 무게의 고통은 자신의 욕심에 정확히 비
례한다.

배낭에 무엇을 넣을 것인가, 얼마의 무게로 채울 것인가는
모두 각자가 선택하게 된다. 그리고 자신이 선택한 배낭은 순
례가 끝날 때까지 자신과 함께 동행하게 된다.

물론 배낭의 무게가 곧 삶의 무게는 아니다. 그러나 순례자
의 배낭처럼 삶의 무게도 결국 자신이 정하는 것이다. 무엇을
얼마만큼 짊어질 것인가는 각자의 자유다.

욕심껏 짊어져도 좋고 가벼이 해도 좋다. 적당해도 좋다. 중
요한 것은 그 배낭에 무엇을 담느냐다. 나는 그대가 사랑과 행
복, 기쁨과 감사, 건강, 희망과 긍정으로 삶의 배낭을 꾸렸으
면 한다. 그러면 삶의 무게와 관계없이 이 지구별 순례는 아름
답고 행복한 여정이 될 것이다.

> "인생이 주는 위대한 선물은 계산으로 얻을 수 있는 것이 아
> 니다. 모든 행복은 삶이라는 큰길 위에 놓여 있다."
> ㅡ헨리 데이비드 소로

삶이라는 큰길에서 잠시 순례의 길로 들어선 나는 오늘도 노
란 화살표를 따라 바람이 불어 가는 곳, 별들이 모이는 광활한

들판, 저 끝 산티아고 데 콤포스텔라를 향해서 가고 있다.

오늘도 푸른 하늘에 비치는 초록 풍경은 여전히 아름다웠다. 지친 순례의 발걸음을 한결 가볍게 해 주는 풍경 속에서 내 영혼은 매일매일 성장해 가고 있다.

초록과 파랑, 너희들 참 예쁘다.

개와 함께 순례 중인 순례자

한국에서 온 그녀의 배낭은
얼굴만큼이나 예쁘고 깔끔하다.

정말 나이 지긋한 할아버지다.
근데 배낭이 너무 무거워 보였다. 반전은 나보다 더 빨리 가신다는 점!

한국에서 온 64세의 꽃누나가 순례길을 걷고 있다.

알록달록 우산 쓰고 어디를 가시는지?

부부는 함께 서로에게 의지하며 이 길을 걸어갔다.

배낭이 귀엽다.

그림 같은 레디고스(Ledigos) 마을 풍경

나무와 초록 대지와 눈부신 파란 하늘

초록 밀밭 풍경

09

아브라카다브라

테라디요스 데 로스 템플라리오스(Terradillos de los Templarios)**에서**

베르시아노스 델 레알 카미노(Bercianos del Real Camino) 23㎞

산티아고 순례길에서 만난 한국 청년. 전주가 고향이란다. 반가웠다. 깊이는 알 수 없지만, 청년의 얼굴에서 고독이 느껴졌다.

나는 그가 무슨 이유로 이 길을 걷는지 모른다. 그렇지만 그대의 앞날은 분명 좋은 날이 될 것이다. 이 길을 통해 그대의 영혼은 성장할 것이다. 그대의 앞날에 행복과 감사가 넘칠 것이다. 아브라카다브라(Abracadabra, 아랍어로 '말한 대로 될지어다'란 뜻).

김해에서 온 25살 청년은 휴학하고 이 길을 걷고 있단다. 나는 그에게 "인생이 무엇이라고 생각하느냐?"라고 물었다. 25살 청년에겐 다소 과한 철학적 질문에 그가 철학적으로 답한다.

"사람들이 땅만 보고 걸어요. 앞을 보고 걸어가야 하지 않을까요?"

땅에서 눈을 들면 초록으로 생동하는 별들의 들판이 보일 것이다. 삶이 버겁다고 자꾸 뒤돌아보며 과거를 살지 마라. 당당하게 앞을 보고 걸어가다 보면 길 어디에선가 희망이 보일 것이다.

그대의 생각을 바꾸면 그대의 운명 또한 바뀌게 된다.

그대의 희망은 발아래 놓여 있지 않다. 그대가 눈을 들어 바라보는 그곳에 희망이 있다.

25살 훈남 청년의 모습이 해맑다.

전주에서 온 한국 청년이 언덕 위에서 떠오르는 태양을 바라보고 있다(모라티노스, Moratinos).

순례길에서 알바를 하다

하늘은 맑고 푸르다. 순례길 좌우로 초록별들이 햇살에 빛나고 있다. 오늘 순례길은 4㎞ 알바(아르바이트 줄임말)를 했다. 길을 잘못 들어 예정된 길보다 더 걸어간 것을 순례자들은 '알바'라 한다.

함께 걷던 32살의 대만 아가씨 젠도 나를 따라오다가 알바를 하게 되었다. 그녀의 배낭이 무거워 보였지만 얼굴에는 웃음이 묻어났다.

순례자들은 이처럼 간혹 길을 잘못 가는 경우가 있다. 그럴 때마다 마을 주민들은 순례자들에게 올바른 길을 가르쳐 주곤 한다. 원래 길로 되돌아가기가 먼 거리이면 차로 순례길까지 태워 주기도 한다. 나 또한 길을 잘못 들어 마을 어르신의 도움을 받은 적이 있다.

순례길 곳곳에서 만나는 사람들은 매우 친절하다. 순례자들에게 웃음과 격려로 힘을 주곤 한다. 그들의 따뜻한 배려는 지친 순례자들의 발걸음을 가볍게 한다. 그래서 알바를 해도 즐겁다. 순례길 자체가 행복의 여정이기 때문이다.

테라디요스 경작지 풍경

사막에 태양이 떠오르는 듯 신비롭다.

'다리의 성모 예배당'.
이곳을 지나면 중세 유적을 간직
한 사아군으로 가게 된다.

알바하다 만난 멋진 나무 친구

10

지금 그대는 괜찮은가?

베르시아노스 델 레알 카미노(Bercianos del Real Camino)**에서**

만시아 데 라스 물라스(Mansilla de las Mulas) **26.6㎞**

순례길에서 남자가 여자를 안고 있다. 여자는 남자에게 기대어 있다. 남자는 지그시 눈을 감고 한참 동안이나 여자를 안고 있었다. 'Are you OK?(너 괜찮은 거니?)' 묻고 싶었으나 차마 말을 걸 수가 없었다.

순례 여정이 힘이 들었을까? 아니면 이 길 위에서 두 사람 사이에 깊은 사랑의 감정이라도 샘솟은 것일까?

"바다에는 진주가 있고, 하늘에는 별이 있다. 그러나 내 마음, 내 마음에는 사랑이 있다."

– 헨리 워즈워스 롱펠로

 사연은 알 수 없었지만 두 사람은 마음과 마음이, 영혼과 영혼이 서로 이어지고 있음을 알 수 있었다. 진주보다 별보다 아름다운 사랑이 그들을 감싸고 있었다.

길을 가던 도중 멈추어 선 채 두 사람은 서로를 꼭 안았다. 두 사람의 마음과 마음이, 영혼과 영혼이 서로 이어지고 있었다.

그들은 아무 말 없이 그렇게 한참 동안 서로를 안고 있었다. 감동이었다. 그들은 내가 한참이나 멀어질 동안에도 서로를 안은 채 그대로였다.

삼바춤을 추다

순례자들은 길을 걷다가 힘들어하는 이들이 있으면 괜찮냐고 물으며 격려를 보내곤 한다. 나 또한 손을 흔들고 활짝 웃는 미소로 응원을 보내곤 했다.

그제는 브라질에서 온 한 여인이 알베르게에 늦게 도착했다. 그러나 방이 없다고 하자 그녀는 눈물을 펑펑 쏟아 냈다. 얼마나 지치고 힘이 들었을까? 모두가 안타까운 시선으로 그녀를 바라봤다. 누군가는 안아 주고, 누군가는 어깨를 두드려 주었다. 또 누군가는 음료수를 권하고 위로했다. 그렇지만 그녀의 눈물은 그치지 않았다. 그러자 숙소 매니저가 자신의 방에서 하룻밤 묵을 수 있도록 그녀를 배려했다.

다음 날 아침 순례길에서 나는 그녀를 만났다. "잘 잤느냐? 괜찮으냐?" 묻고 삼바(Samba) 춤을 추었다. 그녀가 활짝 웃었다. 아마도 내가 몸치라서 더 웃겼을 것이다.

우리의 삶에서도 때론 수많은 말의 위로보다 따뜻하게 손을 한번 잡아 주거나 안아 주는 것이 마음을 전하는 진심 어린 위로가 될 수 있다. 우리 삶의 여정에서 때로 지치고 힘들어하는 이들이 있다면 따뜻한 손을, 그대의 품을 잠시 내어 주면 어떨까?

Are you OK(그대는 괜찮은가)?

엘부르고 라네노(El Burgo Ranero)의 십자가 조형물

엘 부르고 라네노 성당

만시아 마을에 시장이 섰다. 우리네 시골 시장 풍경이다.

함께 순례한 부부도 모처럼 여유롭다.

만시아 데 라스 물라스 성당

만시아 데 라스 물라스(Mansilla de las Mulas)

이곳의 옛 이름은 '마노 엔 시야(Mano en Silla, 안장 위의 손)'에서 유래했다. 데 라스 물라스(de las Mulas, 노새의)에서 알 수 있듯이 예로부터 가축시장으로 유명했다. 중세 시대부터 현재에 이르기까지 순례자들의 중요한 휴식처가 되고 있는 마을이다.

Part 03

소망

나는 하늘을 향해서 조용히 나의 기도를 올렸다.

신의 절대적 권능의 상징 앞에서 눈물을 삼킨 그녀도,

기도문을 암송하던 이도 모두가 소망을 이루기를 간절히 바란다.

그리고 이 글을 읽고 있는 그대 또한 소망이 모두 이루어지길.

01

참자아를 찾는 길

만시야 데 라스 물라스(Mansilla de las Mulas)에서 레온(Leon) 18.6㎞

인간은 매초 4,000억 비트의 정보를 접한다. '0'을 4,000억 개 복사하면 대략 책 60만 권의 분량이 된다. 이 중 인간은 약 2,000피트의 정보만을 받아들인다. 우리가 받아들이는 정보의 100만 분의 1, 그리고 그 1의 100만 분의 1도 처리하지 않고 그냥 흘려보내고 있다.

즉 인간은 '내면의 자아' 혹은 '비물질적인 자아'가 가지고 있는 이러한 무한한 힘을 사용하지 않고 있다. 인간의 오랜 전통적이고 관습적인 에너지와 함께 태어나면서부터 학습하게 되는 부정적인 생각의 회로가 인간의 무한 가능성을 제한시키고 있는 것이다.

산티아고 순례길에서 '참자아'를 찾는다는 건 자신의 '내면의 자아(비물질적인 자아)'와 마주하는 것이다. 그래서 자신의 무한한 가능성, 에너지를 회복하는 것이다.

우리는 모두 풍요롭고 행복할 권리가 있다. 우주는 결코 그 대가 빈곤과 불행에 빠져 있는 것을 원하지 않는다. 그대가 행 복하기를 진정으로 바라고 있다.

> "진정한 연금술은 만물과 통하는 우주의 언어를 꿰뚫어 궁 극의 하나에 이르는 길이며, 마침내 각자의 참된 운명, 자 아의 신화를 사는 것이다."
> ―파울로 코엘료, 《연금술사》 중에서

양치기 산티아고가 그토록 찾아 헤매던 보물과 연금술을 이 용해 얻게 된 찬란한 황금은 다름 아닌 자신의 내면, 자아에 있 었다. 그대도 그대 내면의 참된 자아를 깨워 그대만의 보물을 찾기 바란다. 아브라카다브라.

순례길은 오늘로 500여㎞를 걸어왔다. 산티아고 대성당을 향해 가야 할 길은 이제 300여㎞가 남았다. 삶이 생의 종착역 을 향해 가듯 이 길도 길의 끝을 향해서 가고 있다. 삶의 어느 지점에 있든, 산티아고 순례길의 어느 곳에 있든 모두가 좋은 날이다. 삶도 길도 이 순간은 다시 오지 않기 때문이다.

오늘도 길 위에 선 모든 순례자들이 그리고 이 글을 읽고 있는 그대가 진정 행복했으면 한다.

레온(Leon)

카스티야 이 레온 자치지역(Castila y Leon) 북서부 끝에 있는 레온주의 주도(主都)로 순례길에서 가장 큰 대도시이다. 프랑스 길 루트에서 레온은 3분의 2 지점에 위치해 있다. 총 800km의 여정 중에서 500km를 지나는 지점이다. 성 이소도로 왕립 대성당을 비롯해 장엄한 고딕 양식의 레온 대성당, 르네상스 시대의 산 마르코스, 가우디가 만든 카사 데 보티네스 등의 건축물들이 유명하다.

어제 한참 동안 핸드폰을 바라보고 길가에 서 계시던 할아버지,
오늘도 길 위에서 핸드폰을 보고 있다. 이정표를 찾고 있을까?

한 여인이 할아버지의 반대편에 서 있다.

할아버지를 바라보고 있는 그녀는
무슨 생각을 하고 있는 것일까?

별들의 들판에 저 혼자 피어 있는 양귀비꽃아, 사랑스럽구나!

눈에 가슴에 그리고 말에 사랑을 담으면 순례길에서 만나는 모든 것이 아름다워진다. 모든 것이 사랑스러워진다. 꽃과 나무, 동물들도 그러한데 사람이야 더욱더 그러하지 않겠는가?

양귀비꽃이 새벽 찬 공기에 얼었다. 그래도 아름다운 자태는 변하지 않는다.

레온(Leon) 대성당

손을 흔들자
반갑게 인사하는 순례자

거리의 악사

02

사나이 자존심으로 걷는다

레온(Leon) 1

왕십리 최 사장은 '사나이 자존심'으로 걷는단다(집은 금호동인
데 사람들이 왕십리 최 사장으로 불렀다). 최 사장은 이곳에 오기 전에
오른쪽 무릎이 좋지 않아 오랫동안 병원 치료를 받고 있었다.
그래서 그는 이 길 위에 서기 위해 단기 응급처방을 하고 비상
약을 받아 왔다.

그런데 이곳에 와서 순례길을 걷다 보니 원래 아팠던 오른쪽
보다 왼쪽 무릎이 더 아프단다. 설상가상으로 발가락에도 물집
이 생겨서 걷기가 너무 힘들지만, 이 길을 포기할 수 없다고 했
다. 지인들에게 순례길을 완주하겠다고 큰소리쳐서다.

"사나이 자존심이 있지. 끝까지 걸어야지!"

올해 만 64세인 최 사장은 아버지가 다섯 살 되던 해에 돌아가셨다. 그는 배다른 형제 다섯과 자랐다. 중학교를 졸업하고 버스 계수원(버스 요금을 빼돌리는 것을 확인하고 감독하는 직업)을 시작으로 구두닦이를 제외하고 안 해 본 일이 없단다. 그래도 자력으로 대학을 졸업하고 동대문운동장에서 스포츠 의류 도매업으로 크게 자수성가했다.

천주교 신자인 최 사장이 걷는 산티아고 순례길은 '사나이의 자존심'이자 자신의 종교에 대한 신념과 신(神)을 향한 헌신의 수행이다.

"아프지만 고통을 참고 걷는 게지. 그러면서 고통 속에 있는 이들의 아픔도 헤아리고, 또 그들을 위해서 기도도 하고 있다네."

산티아고 데 콤포스텔라로 향하는 최 사장의 고난의 발걸음에는 따뜻한 인간애(愛)가 담겨 있다. 그대의 발걸음에 신의 가호가 함께할 것이라 믿는다.

왕십리 최 사장

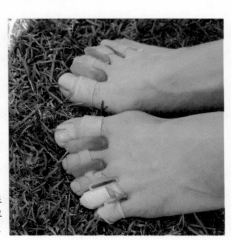

그는 발과 무릎이 아픈 가운데도
끝까지 길을 포기하지 않고
800㎞를 완주했다.

03

슬픔을 딛고 걷는 길

레온(Leon) 2

대구에서 온 김 선생은 지난 25년 동안 양송이를 재배했다. 그는 매일 아침저녁으로 양송이를 수확해야 했다. 그래서 양송이를 재배하는 동안은 한 번도 자리를 비우지 못했다. 가족과 지인의 애경사에도 참석하지 못했다. 어쩌다가 참석한다 해도 잠깐 얼굴만 비추고 나와야 했다.

그런 그가 아들과 딸이 대학을 졸업하자 양송이 재배 일을 놓고 산티아고 순례에 나섰다. 그런데 순례 도중 그의 장모님이 돌아가셨다. 부고를 전해 듣자 해병대를 나온 상남자, 경상도 사나이가 소리 없이 흐느끼며 뜨거운 눈물을 쏟아 냈다.

사위 셋 중에서 막냇사위인 그를 유난히 예뻐했던 장모님이라 그의 마음은 참 많이도 아팠으리라. 그런데 삼일장이라 돌아갈 비행기 표도 마땅치가 않았다. 결국, 그의 가족들은 그가 순례를 계속하도록 배려했다.

이 길 위에서 삶의 여유와 타인에 대한 배려를 배웠다는 그의 발걸음에는 항상 별빛이 함께할 것이다. 지구별 순례를 마치고 이제는 하늘의 별이 되신 장모님도 그의 발걸음과 함께하리라.

.이른 아침 순례길을 나선 김 선생

그의 발걸음에는 별이 되신
그의 장모님이 함께할 것이다.

04

순례와 술례

레온(Leon) 3

"어르신 정말 대단하십니다. 73세에 이렇게 순례길을 걸으시 다니……."

"형님이라고 불러! 대단하긴, 그냥 걷는 거지."

그렇게 해서 어르신은 나의 형님이 됐다.

생각해 보니 어르신의 말씀이 맞았다. 청춘이란, 나이가 아 니라 삶에 대한 열정이자 도전의 지표이다. 사무엘 율만도 그 의 시 〈청춘〉에서 꿈과 이상이 있는 한 영원히 청춘이라 하지 않았는가?

"인간의 세포는 나이가 들어서 퇴화하고 늙는 게 아니다. 끊임없이 새로운 세포로 생성된다. 단지 인간의 오랜 관습, 생각이 노화를 만들고 있는 것이다."

—팸 그라우트《E2 : 소원을 이루는 마력》중에서

형님은 생 장 피에드 포르에서 레온(Leon)까지 500여㎞를 걸어왔다. 한 발 한 발, 발걸음을 내딛고 또 내딛어서 오로지 두 발로 여기까지 왔다.

나에겐 놀라운 일이지만 그에겐 그리 어려운 길이 아닌 듯하다. 형님은 그동안 알프스 3대 미봉을 비롯해 히말라야, 로키 산맥, 킬리만자로 등 험준한 세계 곳곳을 누볐다. 그에게는 산티아고 순례길이 또 하나의 넘어야 할 삶의 길인 듯했다.

형님의 순례는 '술례'이기도 하다. 한국에서 소주 20병을 가지고 와서 일찌감치 다 드셨다. 그러고는 매일 순례길에서 만나는 마을의 바에서 두세 차례씩 맥주와 와인, 진토닉을 마신다.

알베르게 숙소에 도착하면 이때부터 본격적인 술례가 시작된다. 이 사람 저 사람과 한 잔 두 잔, 술과 함께 사는 이야기를 주고받으며 하루를 마감한다. 그러고도 다음 날 여지없이 뚜벅뚜벅 걸어가신다. 진정한 '술례'의 고수이다.

무작정 걷는다

시작도 끝도 없는 길을
무작정 걷네요.
어제도 걷고 오늘도 걷고
또 내일도 걷네요.

시골길, 찻길, 밀밭길도
무작정 걷네요.
날씨가 좋아도, 비가와도,
바람이 불어도 무작정 걷네요.
일주일 내내, 이리 한 달 동안
무작정 걷네요.

성모 마리아상을 그리며
무작정 걷네요.
참새와 노랑나비가 노래하고
춤을 추면서 반기네.

-73세 형님의 자작시(詩)

형님이 지금 걷고 있는 '술례길'은 결국 순례의 길이다. 그가 향하고 있는 곳, 그리고 이 길을 걷는 목적이 술은 아닐 것이기 때문이다. 순례와 술례는 종교적인 의미의 길과 술의 길로 완전히 다른 길이다. 그러나 결국 이 두 길은 모두 산티아고 데 콤포스텔라를 향한다. 순례도 술례도 모두 도착하는 목적지는 같은 것이다. 따라서 단순히 어떤 길이 옳고 그르냐의 문제가 아니다.

　우리의 삶도 그러하지 않을까? 각자의 방식으로 삶의 길을 뚜벅뚜벅 걸어가는 것, 중요한 것은 삶도 순례도 모두 즐기면서 즐겁게 하는 것이 아닐까? 그것이 순례도 삶에서도 우리가 길을 걸어가는 참된 목적이리라.

술례에 술이 빠지겠는가?

73세 형님, 그는 진정한 술레의 달인이다.

우리는 행복하기 위해 세상에 왔다

산티아고 순례길이 이어지는 스페인 북부지방은 기원전 2세기부터 서로마제국의 멸망 시기인 5세기까지 로마제국의 속주였다. 이후엔 게르만의 침입으로 서고트 왕국의 통치, 8세기 이슬람 무마이야 왕조의 이베리아 반도 점령으로 다양한 문화가 공존하게 됐다. 따라서 서고트의 특성에 아랍의 양식이 가미된 아스투리아스 양식, 로마네스크 양식, 고딕 양식, 그리고 아랍인들의 무데하르 양식의 건축물들을 볼 수 있다. 순례길을 따라 생겨난 마을과 도시들에는 지금도 역사적으로 중요한 건축물 18,000개 이상이 남아 있다.

이곳 레온이나 아스트로가에서는 천재 건축가 가우디가 건축한 작품도 만나 볼 수 있다.

아름다운 역사의 도시 레온에서 나는 잠시 순례의 발걸음을 멈추었다. 쉼은 삶의 정지 상태가 아닌 삶의 일부분이다. 행복한 나를 만나기 위해서는 때로 쉼이 필요하다.

"인생의 주어진 의무는 다른 아무것도 없다네. 그저 행복하라는 한 가지 의무뿐, 우리는 행복하기 위해서 세상에 왔지."
— 헤르만 헤세

삶의 쉼은 산티아고 대성당으로 나를 더 잘 이끌어 줄 것이다.

오늘도 참 좋은 날이다. 걸어가야 할 길이 있는 한, 그리고 꿈과 희망이 있는 한 모든 날이 다 좋은 날이다. 그대도 그러하길 바란다.

산 마르셀로 광장의 동상

가우디 건축물(카세 보티네스)

산 마르크스 수도원, 지금은 5성급 호텔로 운용 되고 있다.

순례자 동상

05

순례길을 즐겨라, 그대의 인생을 선택하라

레온(Leon)에서 오스피탈 데 오르비고(Hospital de Orbigo) 32㎞

알베르게 휴게실에서 이북(E-Book)을 보고 있는데 신부님이 다가와서 말을 건네신다. 낯선 이방인에게 힘주어 말씀하시는 신부님의 한 마디 한 마디가 가슴에 큰 울림으로 내게 다가왔다.

"카미노(순례길)를 즐겨라. 너의 삶을 즐겨라."

그렇다. 카미노는 고행의 길이 아니었다. 프랑스 생 장 피에드 포르에서 산티아고 데 콤포스텔라까지 800여㎞의 긴 여정은 행복과 축복의 길이었다. 지금 이 순간도 수많은 순례자들이 마치 고해성사를 하듯 걷고 있는 이 길이 즐거움과 축복의 길이라니 놀랍지 않은가?

우리 삶의 여정도 그러하다. '삶은 인내와 고통의 산물'이라는 진리처럼 굳어진 오랜 인간의 관습적 신념은 결코 사실이 아니다. 우리의 삶은 그 자체가 축복이고, 감사이고, 사랑이다. 나도 그대도 당연히 삶을 즐기고 행복해야 한다. 선하신 우주께서도 진정 그러하길 바라고 있다.

그대가 지금 고난 속에, 슬픔 가운데 있다면 축복과 기쁨으로 채널을 돌려라. 기쁨과 슬픔, 고난과 행복 중 그대가 선택한 채널만이 그대의 삶에서 실현될 것이다. 이것은 동전의 양면과 같아서 마음속에서 하나를 선택하면 다른 하나는 사라지게 된다. 수많은 TV 채널 중 그대가 선택한 하나의 채널만이 보이는 것처럼 말이다.

낯선 이방인에게 촌철살인(寸鐵殺人)의 말씀으로 깊은 인생의 깨우침을 전한 신부님께 신의 가호가 함께하길 바란다.

오늘은 레온에서 오피스텔 데 오르비고까지 총 32㎞를 걸었다. 도로를 따라 계속 걷는 길에 바람이 일었다가 흩어지곤 했다. 간간이 흐린 하늘에 먹구름이 몰려들었다.

지루한 느낌이 드는 힘든 여정이었지만 알베르게가 있는 오피스탈 데 오르비고의 멋스러운 중세의 풍경이 피로를 말끔하게 씻어 주었다. 오피스탈 데 오르비고는 마치 타임머신을 타

고 중세시대에 와 있는 듯 착각을 불러일으켰다. 돌로 이루어
진 마을 또한 매우 정갈하고 깔끔했다.

들판은 온통 꽃 잔치다.

발베르데 라 바르헨(Valverde de Virgen) 성당

오피스탈 데 오르비고(Hospital de Orbigo) 초입 오피스탈 데 오르비고(Hospital de Orbigo) 마을

마을 진입 도로 앞에서 한 할아버지가 건너편에 서 사진을 찍고 있는 할머니를 바라보고 있다.

할아버지는 할머니가 사진을 찍는 내내 그렇게 서 있었다. 할머니가 사진을 한참 동안이나 찍고 나서 두 사람은 다정스럽게 순례길을 갔다.

오르비고 다리, 세르반데스《돈키호테》에 영감을 준
'돈 수에로 기사의 이야기'로 유명한 스페인에서 가장 길고 오래된 다리이다.

오르비고 다리 (Pente de Orbigo)

13세기에 건립된 스페인에서 가장 오래된 다리이다. 로마 시대 다리 위에 증축되었다. 이 다리를 구성하는 수십 개의 아치들은 '명예의 통로(Paso Honroso)'라 불린다. 이 다리에는 흥미로운 이야기가 전해져 오고 있다.

돈 수에로 데 키뇨네스(Don Suero Quinones)라는 레온 출신 귀족 기사가 있었다. 그는 아름다운 귀부인에게 반해 사랑을 고백했다가 모욕을 당하게 된다. 심한 모멸감에 괴로워하던 그는 자신의 명예를 회복하기 위해서 감히 이곳을 지나가려는 기사가 있다면 누구든지 그에게 맞서 이 다리를 지키겠다고 맹세한다. 그리고 돈 수에로는 자신의 맹세대로 다리를 통과하려는 모든 기사들과 결투를 벌였으며, 무려 한 달 동안 300개의 창이 부러질 때까지 이 다리를 막아 냈다.

결국 지독한 사랑의 집착에서 벗어난 그는 회복된 자신의 명예에 감사하며 산티아고로 순례를 떠났다.

06

생(生)과 사(死)의 길에서

오스피탈 데 오르비고(Hospital de Orbigo)에서 아스트로가(Astorga) 16㎞ /

아스트로가에서 라바날 델 카미노(Rabanal del Camino) 21.4㎞

양산에서 오신 최 선생님, 그녀는 해맑다. 최 선생은 40여
년 동안 초등학교에서 교편을 잡고 퇴직한 후 이 길 위에 섰다.
예순을 앞둔 나이지만 웃는 모습이 예쁜 그녀다.

그녀가 걷는 이 길은 특별하다. 바로 '생(生)과 사(死)'의 길이
다. 그녀의 해맑은 웃음 뒤엔 갑상선이라는 암이 자리하고 있
다. 의사 선생님은 치유가 어렵다고 했지만, 그녀는 병마를 이
겨 낼 거라 확신했다.

병을 떨쳐 내기 위해 산티아고 순례길에 선 그녀. 그녀가 내

딛는 한 발 한 발 800여㎞의 걸음걸음엔 두려움과 깊은 고독, 삶에 대한 절실함이 묻어 있다.

그녀는 그녀 자신의 신께 모든 것을 내맡겼다. 신은 듣고 있으리라. 그녀의 찬양을……. 신은 알고 있으리라. 그녀의 깊은 아픔을……. 신의 가호가 그녀에게 내려지길 간절히 바란다.

그녀의 신념도, 의지도, 그녀의 신을 향한 믿음도 위대해 보였다. 자신의 모든 것을 걸고서 걸었던 그녀에게 신의 은총이 함께하길 바란다.

최 선생님의 웃는 모습이 해맑다.

슈퍼 문을 보다

이른 아침 숙소를 나섰다. 오피스탈 데 오르비고(Hospital de Orbigo)를 막 벗어나는데 함께 길을 나선 순례자가 내게 말한다.

"선생님, 저기 달 좀 보세요."

나는 그 소리에 반사적으로 하늘을 올려다봤다. 그러자 길이 이어진 산 바로 위로 떠 있는 커다란 달이 내 눈에 확 들어왔다. 달을 본 순간 나의 의식이 멈추어 섰다. '이게 무슨 상황이지? 저게 뭐지?' 아주 잠깐 동안이었지만 슈퍼 문(Super Moon)을 보고 내 의식이 혼란을 일으킨 듯했다.

이른 아침 찬란하게 떠오르는 태양을 생각하고 있었는데 달이라니? 그것도 엄청난 크기의 달이 길 바로 위에서 떠오르다니 놀라웠다. 태어나서 처음 보는 장엄한 광경이었다. 나는 그 순간 달에 완전히 매료되었다.

그날 이후, 나는 새벽이나 이른 아침 시간에 떠 있는 달을 계속 쳐다보게 되었다. 눈을 뗄 수가 없었다. 신비로운 달의 힘이 나의 의식을 강하게 끌어당기고 있었다. 이때부터 달은 나에게 아주 특별한 존재가 되었다.

그리고 달은 얼마 지나지 않아 내 생에 절대로 잊을 수 없는 놀라운 기적을 보여 주게 된다.

'달님, 고맙습니다.' '달님, 사랑합니다.'
슈퍼 문(Super Moon)에 반한 오늘은 참 멋진 날이다.

오피스탈 데 오르비고(Hospital de Orbigo)에 떠오른 슈퍼 문은 신비로웠다.

아스트로가(Astorga)에서 무리아스 데 레치발도(Murias de Rechivaldo)로
이르는 붉은 흙길은 우주의 낯선 행성처럼 신비로웠다.

길은 아름다웠다. 내 가슴에 그대로 담겼다.

붉은 흙길에서 무슨 영감이 떠오른 것일까? 가던 길을 멈추고 그는 무엇인가를 노트에 적고 있었다.

산토 토르비오(Cruceiro de Santo Toribio) 십자가. 십자가 아래 아스트로가의 전경이 보인다.

가우디가 19세기 말 설계한 네오고딕 양식의 주교 궁전.
현재는 카미노 박물관으로 활용되고 있다.

산 후스토 데 라 베가(San Justo de la Vega),
길가에서 만난 '하트'

순례자 기념상

07

순례길의 아름다운 발자취

아스트로가(Astorga)에서 라바날 델 카미노(Rabanal del Camino) 21.4km

조 선생, 그는 퇴역한 군인이다. 진짜 사나이들의 세계, 해병대에서 30여 년을 복무하고 대령으로 예편했다. 예편 후 그는 자신의 버킷리스트(Bucket List)를 실행하기로 마음먹었다. 그의 버킷리스트는 마추픽추, 그랜드 캐니언, 고비사막, 산티아고 순례길을 완주하는 것이었다.

그는 여행 경비를 벌어서 가겠다는 생각으로 막노동과 이것 저것 아르바이트를 하면서 모은 돈으로 제일 먼저 마추픽추로 떠났다. 말도 잘 통하지 않고 교통편과 음식 등 모든 것이 낯설고 두려웠지만, 해병대 정신으로(?) 용감하게 도전에 나섰다.

그토록 어렵게 도착한 마추픽추는 경이로웠다. 위대한 잉카 문명 앞에서 그는 탄복했다. 모든 고생을 한꺼번에 날려 버릴 정도로 강렬하게 고대 문명에 사로잡혔다. 오랜 시간이 지난 지금도 그때의 감동을 잊지 못하는 듯 그는 내게 산티아고 순례를 마치면 마추픽추로 떠나라고 했다.

그는 마추픽추에 이어 고비사막에도 도전했다. 수천, 수만의 별똥별이 쏟아지던 광경을 이야기하는 그의 눈에는 별들이 가득 담겨 있었다.

그리고 그는 지금 이곳 산티아고에서 세 번째 버킷리스트를 실행 중이다. 순례길을 걸으면서 무엇을 느꼈냐는 나의 물음에 그는 "여기는 경치와 공기는 1급수인데 음식은 5급수입니다."라며 호탕하게 웃었다.

그는 내게 순례길에서 만난 어느 호주 노신사에 대해 이야기해 줬다. 숙소에서 다리가 아파 끙끙 앓던 그를 한 시간 반 동안이나 정성껏 마사지해 주었단다. 그러자 그는 "지금까지 돈이면 다 되는 줄 알았는데 돈을 안 주고 도움을 받아 본 건 처음이다."라고 했단다.

노신사는 6주 전 아내가 세상을 떠나 상실감에 이 길에 섰다고 했다. 그는 호주에서 큰 부자로 명예와 부를 모두 가진 성공

한 사람이었다. 조 선생은 부도 명예도 이 길에선 다 소용없다며, "돈 많다고 비행기 타고 순례할 수는 없잖아요?"라고 반문한다. 그러면서 이렇게 덧붙였다.

"길을 걷다 어느 순간 뒤돌아봤는데 내가 지나온 길이 그렇게 아름다울 수가 없더라고요. 우리 인생도 많은 굴곡들이 있지만 지나온 삶의 길 뒤편에는 아름다운 발자취가 남아 있을 거예요."

초연한 듯 자유로운 영혼으로 살아가는 그대의 앞날에 행운이 함께하길 바란다.

야외 카페에서 우연히 만난 그는 이야기를 마치고 떠났다. 이것도 특별한 인연이리라.

내가 보고 싶단다.

엘간소(El Ganso), 카우보이 Bar   폰세바돈(Foncebadon) 성당

폰세바돈(Foncebadon) 성당

08

철의 십자가에 아로새긴 소망

라바날 델 카미노(Rabanal del Camino)에서 폰페라다(Ponferrada) 33.2㎞

그녀는 눈물을 삼켰다.

철의 십자가 기둥을 부여잡고 그의 신에게 간절히 기도했다.
갑상선암과 사투 중인 그녀는 이곳에 서기까지 얼마나 외롭고
두려웠을까?

'모든 것을 당신께 맡깁니다.'

그녀의 내면에서 울부짖는 고요한 외침이 들려왔다.

그녀의 간절한 기도가 하늘에 닿기를 바란다.

독일에서 온 여인.
기도를 마치고 뒤돌아선 그녀의
눈에서 뜨거운 눈물이 흘러내렸다.

독일에서 온 그녀는 울고 있었다.

조용히 철의 십자가 앞에서 기도하고 뒤돌아선 그녀는 소리 없이 울고 있었다. 뜨거운 눈물이 그녀의 볼을 타고 하염없이 흘러내렸다.

철의 십자가 앞에서 어떤 이는 기도문을 낭송했다. 어떤 이는 소원을 적은 메모를 읽었다. 어떤 이는 묵주를, 어떤 이는 염주를 바쳤다. 어떤 이는 간절한 염원을 새긴 돌을 내려놓았다.

나는 하늘을 향해서 조용히 나의 기도를 올렸다. 신의 절대적 권능의 상징 앞에서 눈물을 삼킨 그녀도, 하염없이 울던 그녀도, 기도문을 암송하던 이도 모두가 그대들의 소망을 이루기를 간절히 바란다.

그리고 이 글을 읽고 있는 그대 또한 삶의 어느 길에 있든 그대의 간절한 소망이 하늘에 닿기를 바란다.

"너희 믿음대로 되라."
— 신약성경, 마태복음 9장 29절

그녀는 20여 년을 간직해 온 묵주를 헌사했다.

철의 십자가 앞에 선 순례자들의 소망은 하늘에 닿았을까?

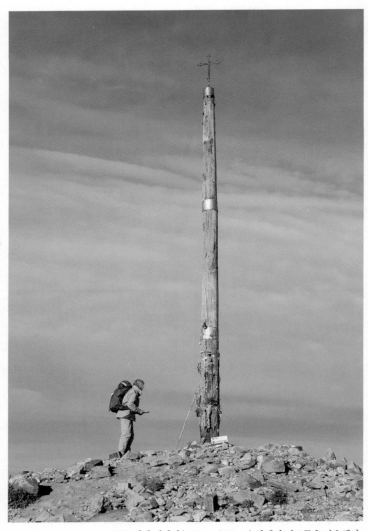

그는 철의 십자가(La Cruz de Ferro) 앞에서 기도문을 낭송했다.

산티아고 순례길의 중요한 상징물인 '철의 십자가'는 고도 1,505m에 우뚝 서 있다. 순례자들은 각자가 준비한 기념물을 철의 십자가 기둥과 그 아래 내려놓고 신의 가호를 기원한다. 하늘로 우뚝 솟아 있는 철의 십자가를 통해 순례자들의 소망은 하늘에 닿을 것이다.

1189년 교황 알렉산더 3세는 산티아고 순례길을 예루살렘과 로마에 이어 '세계 3대 성지'로 선포했다. 그리고 야고보의 축일인 7월 25일이 일요일인 해에 산티아고 데 콤포스텔라에 도착하는 순례자는 그 죄를 사면한다고 선포했다.

축일이 일요일이 아닌 해에 산티아고 대성당에 도착하는 순례자는 그 죄의 절반을 사함받는다고 한다. 이러한 종교적 의미를 내포하고 있는 순례길에서 마주하는 철의 십자가(Cruz de Ferro)는 신의 권능과 함께 경외감을 갖게 한다.

그대의 마음에 간절한 소망을 품을 수 있다면…… 이 길에서 그대는 기적을 보게 될 것이다.

09

신이 수놓은 수채화

라바날 델 카미노(Rabanal del Camino)에서 폰페라다(Ponferrada) 33.2㎞

라바날 델 카미노에서 폰페라다까지 순례길에서 가장 높은 1,500고지를 넘어서 나는 땅끝 갈리시아를 향해서 가고 있다. 고개를 넘어서자 15㎞의 긴 내리막 자갈길이 끝없이 이어졌다. 내리막길은 순례자들에게는 가장 피하고 싶은 고행의 길이다. 오랜 걷기로 무릎이 온전치 않은 상태에서 내리막길은 관절에 무리가 가 큰 고통을 수반하기 때문이다. 거기에다 설상가상(雪上加霜)으로 자갈길이라니, 순례자들의 고통은 배가될 수밖에 없다. 그러나 이러한 고통과는 정반대로 풍경은 순례길 여정에서 가장 수려했다.

푸른 대지 위에 형형색색 꽃으로 물든 산들은 마치 신이 수채
화를 수놓은 듯 황홀했다. 아름다운 순례길의 풍경은 내 눈에
서 가슴으로 담겼다. 위대한 자연의 걸작 앞에서 내 영혼은 맑
고 순수해졌다.

신이 그린 풍경 속에서 눈이 호강한 오늘은 참 기분 좋은 날
이다.

이른 아침 순례길에 태양의 붉은 기운이 감돌고 있다.

폰세바돈(Foncebadon)

형형색색 붉은 꽃밭이다.

몰리나세카(Molinaseca)로 가는 길의 풍경은 신의 위대한 예술 작품이다.
신은 형형색색의 물감을 풀어 순례길의 산과 언덕에 흩뿌렸다.
거대한 자연의 아름다운 풍경은 영적인 기운이 감돈다.

아름다운 풍경 속을 걷고 있는 순례자

죽어서도 저리 기품이
있을 수 있다는 게 놀랍다.

만하린 마을 정경

엔시나 광장으로 가는 길,
중앙에 시계탑

안구스티아스 성당

산티아고 자전거 순례자

산티아고 순례길에서는 도보 순례자들뿐만 아니라 자전거로 순례하는 이들도 자주 볼 수 있다. 자전거는 보통 비행기 화물로 보낸 후 현지에서 바퀴 등을 조립해 사용한다. 자전거 순례는 대체로 혼자보다는 삼삼오오 또는 십수 명씩 단체로 하는 경우가 많다. 자전거 순례자들은 도보 순례길과 도로를 이용하는데, 높은 언덕을 오를 때에는 자전거를 끌고 가거나 간혹 매고 가기도 한다. 자전거 순례도 도보 순례자(100km 이상)와 마찬가지로 200km 이상 순례를 하면 완주 증서를 발급받을 수 있다.

자전거 순례자 외에도 간혹 말을 타고 순례를 하거나 휠체어와 의족에 의지해 순례하는 이들도 있다. 중요한 것은 수단이 아니라 지금 이 순간 산티아고 순례길 위에 서는 것이다.

거장 파블로 카잘스(Pablo Casals)는 "인간은 호기심이 없어질 때 늙기 시작한다."라고 했다. 신체의 늙음보다는 생각의 늙음이 이 길에 대한 두려움을 갖게 한다. 800km라는 거리에 대한 두려움을 극복하면 신체의 제약은 문제가 되지 않는다.

아직 이 길을 가 보지 않았다면 그대의 대장정이 부디 시작되기를 바란다. 그대의 생애 가장 눈부신 때는 바로 산티아고 순례길에서 펼쳐질 것이다.

자전거 순례자가 피레네 산맥을 힘겹게 오르고 있다.

숲길을 통과해 가고 있는 자전거 순례자들

대성당에 도착한 자전거 순례자

산티아고 순례길을 완주한 자전거

10

그대 자신을 더 사랑하라

폰페라다(Ponferrada)에서

비아프랑카 델 비에르소(Villafranca del Bierzo) 25.4㎞

그대는 지금 사랑하고 있는가? 연인, 가족, 이웃, 그대가 믿는 신(神) 등 누군가를 사랑하고 있는가? 그대는 지금 그대가 사랑하는 이들 중 누구를 가장 사랑하는가? 그대가 사랑하는 이 중에는 그대 자신도 포함되어 있는가?

그대가 삶의 길에서 때로 지치고 힘들고, 외롭고, 삶에 절망했을 때 자신에게 단 한 번이라도 '사랑한다'라고 따뜻하게 말한 적이 있는가? '괜찮다'라고, '애썼다'라고 위로한 적이 있는가? 따뜻하게 자신을 안아 준 적이 있는가?

이 세상에서, 온 우주에서 가장 사랑스러운 이는 바로 그대이다. 가장 소중한 이도 그대이다. 그대가 없으면 연인도, 가족도, 이웃도, 그리고 그대가 믿는 신도 없다. 이 세상도 우주도 존재하지 않는다.

부디 자신을 사랑하길, 부디 자신을 위로하길, 부디 그대 자신을 따뜻하게 안아 주길 바란다. 그대 자신을 사랑하게 되면 그대의 가족도 이웃도 그대가 믿는 신도 더욱더 사랑하게 될 것이다. 그리고 그대의 삶도 더욱 빛나게 될 것이다.

> "우리가 꿀벌이든 잣나무든 코요테든 인간이든 별이든 우리가 원하는 것은 있는 그대로의 모습대로 사랑하고 사랑받고 인정받고 소중히 여겨지고 축하받는 것뿐이다. 그것이 그렇게 어려운 일일까?"
> —데릭 젠슨

산티아고 데 콤포스텔라로 향하는 여정은 다름 아닌 자신을 사랑하는 법을 배우는 길이기도 하다. 진실 된 사랑은 바로 자신을 사랑하는 것으로부터 시작된다. 지금 이 순간, 그대가 사랑 안에서 행복하길 진정으로 바란다. 오늘도 햇살이 참 눈부신 아름다운 날이다.

아름다운 길 풍경 　　　　　　카카벨로스(Cacabelos) 성당

비아브랑카 델 비에르소 마을

부르비아(Puente de Rio Burbia) 다리

비아브랑카 델 비에르소 옛 성

Part 04

사랑

종교와 인종, 나이를 초월한 인간의 참된 온기가 전해졌다.
가슴 저 깊은 곳에서부터 복받쳐 오른 감정은
뜨거운 눈물이 되어 내 볼을 타고 흘러내렸다.
그것은…… 그것은 사랑이었다.

01

나의 검(劍)은 그곳에 있었다

비아브랑카 델 비에르소(Villafranca del Bierzo)에서 오 세이브로(O Cebreiro) 28.8㎞ /

오 세이브로(O Cebreiro)에서 트리아카스텔라(Triacastela) 20.7㎞

　밤 열한 시경, 나는 야간 순례에 나섰다. 일정에 없었던 어쩌면 무모하게 보일 수 있는 야간 순례였지만 우주께서 나를 그 길로 이끌었다. 마음은 고요했다. 내 안에서 두려움은 일절 일지 않았다. 오직 이 길을 지금 가야 한다는 생각만이 나를 밤길로 들어서게 했다.

　비아브랑카에서 도로를 따라 한참을 걸은 후 산길로 접어들었다. 산길을 따라 1,310고지의 엘 세브레이로 마을을 넘어서면 땅끝인 갈리시아 오세이브로에 들어서게 된다. 고도는 높고

길은 산허리를 구불구불 휘감고 이어졌다.

랜턴을 켜고 정신을 집중해 명상하며 어둠 속을 헤쳐 나갔다. 만월(滿月)이 며칠 지난 달빛이 나의 길을 비추었다. 도심을 벗어난 밤하늘은 별들의 축제가 펼쳐지고 있었다. 이 길 위에서 처음 보는 별들의 향연이었다.

새벽 두 시가 가까워져 오는 시간, 영가(靈駕)의 시간을 넘어 신들의 시간. 산의 정상을 4㎞여 남겨 둔 곳에서 나의 발길이 알 수 없는 이끌림에 멈춰 섰다. 보이지 않는 힘은 나에게 달과 마주하라고 이야기하고 있었다.

나는 무의식이 이끄는 대로 걸음을 멈추고 달을 향해 돌아앉은 후 조용히 눈을 감았다. 그리고 깊은 명상 속으로 빠져들었다. 명상 속에서 나는 우주께 이곳에 온 나의 목적을 이야기했다.

'나와 가족, 어려운 이웃들을 위해 선물 같은 삶을 사는 것', 그리고 이를 위해 풍요와 부를 원한다고 했다. 또한 나는 이러한 목적이 선한 우주의 뜻과도 '일치'하는지를 물었다. 그동안 산티아고 순례길을 걸으면서 계속해서 해 오던 질문이자, 내가 이 길 위에서 찾고자 했던 순례의 최종 목적이기도 했다.

얼마의 시간이 흘렀을까? 명상을 하는 도중 일순간, 마음 속 깊은 심연에서 전율이 일었다. 나는 무의식적으로 달을 향해 핸드폰 사진촬영 버튼을 눌렀다. 그런데 버튼을 누르기 직

전 찰나의 순간, 달을 향해 들이댄 핸드폰 화면 앞에서 5~7세 정도 되어 보이는 어린 남자아이가 두 손을 배꼽 위로 가지런히 모은 채 달을 향해 배꼽 인사를 하는 환영이 보였다.

　그리고 찍힌 사진 속의 달은 '눈에 보이는 달 그대로의 모습'이 아닌 '일직선의 형태'로 나타나 있었다. 믿을 수 없었다. 신비롭고도 놀라웠다.

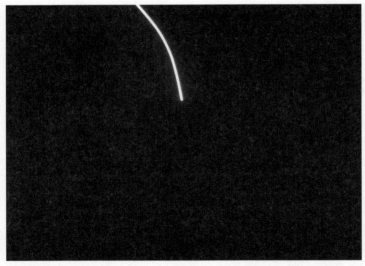

달을 향해 우주께 "나의 목적이 우주의 뜻과 일치합니까?"라고 질문을 하고 촬영한 달의 사진이다(2019년 5월 22일 새벽 1시 45분 08초). 달이 달 본연의 모습이 아닌 일직선의 형태로 찍혔다.

그곳에서 나의 검(劍)을 찾다

나는 야간산행에 동행했던 순례자에게 기이한 달의 사진을 보여 줬다. 동행한 순례자는 "선생님, 다시 한 번 찍어 보세요."라고 말했다.

나는 다시 한 번 달의 모습을 사진에 담았다. 이번에도 처음 보았던 어린아이의 배꼽 인사 환영과 함께 달 사진이 더욱더 곧은 일직선의 형태로 나타났다.

동행한 순례자는 두 번째도 기이한 선의 형태로 찍힌 달 사진을 보고 매우 놀라워했다. 그리고 이번에는 자신이 직접 찍어 보겠다며 달을 촬영했다. 그러나 그가 찍은 달 사진에는 눈에 보이는 모습 그대로의 달이 담겨 있었다. 신비롭고도 기이한 현상에 놀라움과 감동의 전율이 온몸에 짜릿하게 휘몰아쳤다. 달의 사진에 담긴 우주의 메시지는 명확했다. 나의 뜻과 선한 우주의 뜻이 정확히 일치한다는 대답이었다.

내가 그토록 원하던, 그리고 산티아고 순례길에서 그토록 찾고자 했던 우주의 답이 두 장의 달 사진에 선명하게 나타나 있었다. 내가 오스피탈 데 오르비고(Hospital deOrbigo)에서 떠오르는 슈퍼 문(Super Moon)을 보고 강하게 이끌렸던 것은 우주께서 오늘의 기적을 보여 주기 위한 것이었다는 생각이 들었다.

두 번째 달 사진(새벽 1시 46분 23초). 이번에는 더욱 곧게 뻗은 일자 형태로 나타났다.
우주는 달을 통해 나의 뜻이 우주의 뜻과 정확히 '일치'한다고 답하고 있었다.

야간 순례에 나와 함께 동행한 순례자가 찍은 달 사진이다. 내가 달을 촬영한
똑같은 시간과 장소에서 촬영했다. 달은 달 그대로의 모습이다(새벽 1시 46분 51초).

나는 드디어 이곳 산티아고 순례길에서 나의 검을 찾았다. 나는 우주의 뜻에 따라서 '선물'이 될 것이다. 나와 가족, 어려운 이웃들을 위해서 선물 같은 삶을 살 것이다.

"우주이시여, 꿈을 이루어 주셔서 감사합니다."

나는 감격의 기도를 올렸다.

한 가지 더 놀라운 사실은 파울로가 그의 책 《순례자》에서 자신의 '마스터 검(산티아고 순례길을 걷는 목적)'을 찾은 곳도 이곳 엘 세브레이로 마을의 교회였다는 사실이다. 시간과 공간을 뛰어넘어 마치 짜여진 각본처럼 파울로와 나는 만나고 있었다.

파울로가 자신의 마스터 검을 찾은 비밀은 "무언가를 원할 때는 그 욕망의 대상에 확실한 목적성을 부여해야 한다."라는 깨달음이었다. 검 그 자체를 찾는 것이 목적이 아니라 그 검으로 무엇을 할 것인지를 깨달은 순간, 검은 그곳에 있었다.

나는 엘 세브레이로를 지나 트리아카스텔라에서 1박 2일간의 야간 순례를 끝마쳤다.

그대도 삶의 여정에서 그대의 소망에 확실한 목적성을 갖게 된다면, 그리고 간절히 원한다면 그대만의 검을 반드시 찾게 되리라. 달을 통해 우주께 징표를 받은 나에겐 이제부터 새로운 의미의 순례가 시작될 것이다.

오 세이브로(O Cebreiro)에 도착해 마을 입구에서 내가 촬영한 달 사진이다(04시 12분). 두 번이나 기이하고 신비한 모습으로 찍힌 달은 이후 정상적인 모습으로 촬영됐다.

마치 눈동자처럼 보이는 달 사진(05시 45분). 달은 야간 순례 내내 마치 눈동자처럼 나를 지켜 줬다. 이러한 현상은 내가 순례를 마칠 때까지 계속되었다.

트리아카스텔라 오솔길과 소떼, 그리고 파란하늘

오 세<s></s>레이로의 기적 (Santo Milagro)

가난한 농부는 독실한 그리스도교 신자였다. 그는 엄청난 눈보라가 휘몰아치던 어느 날, 목숨을 걸고 미사에 참석하러 '산타 마리아 왕립 성당(Iglesia de Santa Maria Real)'을 찾아갔다.

그러나 오만한 사제는 그런 농부를 멸시의 눈초리로 바라보며 그에게 빵과 포도주를 건넸다. 그 순간, 빵과 포도주가 그리스도의 피와 살로 변하는 기적이 일어났다. 또한 성당 안의 성모 마리아상도 이 기적적인 광경을 보기 위해 고개를 기울였다고 한다.

02

스페인 하숙을 만나다

트리아카스텔라(Triacastela)에서 사리아(Sarria) 25㎞

조각가의 양말 '스페인 하숙'

사리아에서도 스페인 하숙은 유명했다. 기념품을 조각해 파는 분은 한국에서 왔다고 하니 그의 양말을 보여 주었다. 그의 양말에는 '스페인 하숙'이라고 쓰여 있었다.

그 자리에 함께 있던 외국인 순례자들이 이 광경을 보고 어리둥절해했다. 내가 스페인 하숙이 한국의 리얼리티 방송 프로그램이라고 이야기하자 모두가 웃음을 터뜨렸다.

길이 나의 길을 이끌다

트리아카스텔라에서 사리아까지 순례는 여유로웠다. 순례길의 풍경도 아름다웠지만, 전날 밤에 이곳에 온 나의 목적을 이루었기 때문이다. 나는 고요한 적막에 휩싸인 트리아카스텔라의 아침을 깨우며 오리비오 강줄기를 따라 걸었다. 유유히 흐르는 물소리와 산새 소리는 청명한 파동으로 내 안에 고요히 물결쳤다.

마음은 평화로웠다. 걸으면서 나무와 들꽃, 새들, 바람과 하늘과도 교감했다. 마음의 문을 열면 세상의 모든 것들이 소중해진다. 세상의 모든 것들이 사랑스러워진다.

이제 길이 나의 길을 이끌고 있다. 이 길에서도, 삶의 또 다른 길에서도 모두가 좋은 날이다. 모두가 감사한 날들이다. 오늘도 아름다운 이 지구별에서 우리는 순례하고 있으니 말이다.

그는 작은 공예품에
기념글자를 각인해
순례자에게 팔았다.

트리아카스테라 수도원

오리비오강(Rio Oribio) 물줄기가 시원하게 흐르고 있다.

숲길 나무의
모습이 이채롭다.

사리아(Sarria)의
아침 풍경

사리아(Sarria) 성당

03

그대가 행복하기를 바란다

사리아(Sarria)에서 포르토마린(Portomarin) 22.9㎞

이른 아침 숲으로 이어진 길은 고요했다. 태양이 떠오르고 뜨거운 한낮이 되어도 달은 내가 알베르게에 도착할 때까지 계속 하늘 위에 떠 있었다. 이러한 현상은 엘 세브레이로 언덕 위에서 신비한 일이 있었던 후부터 산티아고 데 콤포스텔라에 도착할 때까지 계속됐다. 마치 눈동자처럼 달이 나를 지켜 주며 동행하는 듯했다. 순례길 풍경은 여전히 아름다웠다. 바람은 살랑살랑 대지를 간지럽히며 불어 갔다. 새들은 맑은 소리로 노래했다. 모든 만물은 초록 웃음으로 물결쳤다. 마음속에는 기쁨과 감사, 그리고 행복이 충만했다.

"아침에 눈을 뜨면 밝은 빛과 당신의 삶과 당신의 힘에 감사하라. 또한, 당신에게 주어진 음식과 삶의 기쁨에 감사하라."
— 테쿰세(원주민 추장)

우리는 행복하기 위해서 지구별에 왔다. 선한 우주께서도 나와 그대가 진정 행복하기를 바란다. 진정 풍요롭기를 바란다. 그대가 의식하든 의식하지 못하든 진정으로 그러하다.

이제 산티아고 데 콤포스텔라까지는 90여㎞가 남았다. 지나온 길도, 지나가야 할 길도 모두가 축복이다. 기쁨과 감사, 웃음이 함께한 오늘도 참 좋은 날이다. 그대도 그러하길 바란다.

포르토마린. 미노 강변이 내려다 보이는 O Mirador 레스토랑. 이곳의 요리는 감동이다. 튀긴 장어 요리.

감자와 구운 문어. 오늘은 미뇨강변을 바라보며 맛 잔치다.

샐러드

한국에서 온 모녀가 떠오르는 일출을 바라보고 있다.

모우트라스(Moutras),
기념품을 파는 가게 앞에 전시된 여러 색깔과 모양의 조가비

모르가데(Morgade) 마을, 나무 그늘 아래 장작더미가 눈길을 끈다. 스페인 갈리시아 주 정부가 새로운 표지석을 세우기 전까지는 이 마을이 산티아고 데 콤포스텔라까지 100㎞ 진입의 기준이었다.

포르토마린(Portomarin) 전경. 미뇨강에 저수지가 생기면서 기존 저지대의 구시가지가 사라지고 지금 보이는 고지대의 신시가지만 남아 있다.

포르토마린으로 들어가는 돌계단

산 후안 성당,
산티아고 대성당의 조각을 담당했던 마테오 장인이 건축을 담당했다.

04

거북이 할머니와 토끼 청년

포르토마린(Portomarin)에서 팔라스 데 레이(Palas de Rei) 26.1㎞

이른 아침 회색 구름이 감돌았다. 달과 해도 구름 속에 있었다. 길은 더욱 적요(寂寥)했다. 고요 속에 들려오는 새소리와 풀벌레 소리는 선명했다. 바람은 사뿐히 불어 갔다.

길 위의 순례자들은 오늘도 한 방향, 산티아고 데 콤포스텔라를 향해 조용한 여정을 시작하고 있었다. 순례자들은 각자가 선택한 배낭과 걸음으로 나아가고 있다. 나이와 성별에 관계없이 빨리 걷는 이도 있고 느리게 걷는 이도 있었다.

순례길에서 만난 한 청년은 바퀴가 찌그러진 자전거를 힘겹게 끌면서 걷기도 했다. '왜 고장 난 자전거를 끌고 가느냐'고

자전거 순례자

뛰어가고 있는 청년 순례자

묻자, 발걸음이 자꾸 빨라져서 일부러 느리게 가려고 했단다.

프랑스에서 오신 95세 할머니도 지금 이 순간 순례길을 걷고 있다. 할머니는 느리지만 꾸준한 발걸음으로 매일 20여㎞ 정도를 걷고 있단다. 그리고 프랑스 생 장 피에드 포르에서 시작해 산티아고 데 콤포스텔라까지 800㎞를 완주하실 거란다. 95세 할머니도 이 길을 걷고 있다니 그대는 놀랍지 않은가?

이 길 위에는 다섯 살 난 스페인 꼬마 친구도 있다. '꼬마 순례자'는 엄마와 아빠, 누나가 함께 순례를 하고 있었다.

그런가 하면 열세 살의 한국 어린이도 엄마와 함께 순례하고 있었다. 그 친구는 내가 순례길에서 만난 가장 어린 한국

딸과 엄마, 그 앞에서 다섯 살 꼬마친구와 아빠가 걷고 있다. 다섯 살 꼬꼬마 친구는 나와 하이파이브를 하며 해맑은 웃음을 선사했다.

형과 아빠, 8살 스페인 친구 삼부자가 함께 이 길을 걷고 있다.

인이었다.

순례길에서 중요한 것은 남자냐 여자냐가 아니다. 나이가 적은가 많은가도 아니다. 빨리 걷느냐 느리게 걷느냐도 아니다. 건강한가 그렇지 않은가도 아니다. 중요한 것은 이 길을 계속해서 걸어갈 의지가 있는가와 이 길 위에서 무엇을 깨닫고 얻느냐다.

빨리 걷는 것이, 편하게 걷는 것이 이 길의 목적은 아니다. 너무 빨리 걷다가는 풍경도 놓치고 몸에도 무리가 오게 된다. 그렇게 되면 결국 꾸준히 걷는 이가 빨리 걷는 이를 앞서게 된

벨로라도(Belorado) 알베르게 정원의 거북
이 조형물. 토끼와 거북이의 경주를 떠올리
게 한다.

포르토마린(Portomarin), 이른 아침 길을
나서는 순례자들

다. 95세의 '거북이 할머니'가 빨리 가려고 뛰느라 몸에 무리가
온 '토끼 청년'을 앞지를 수도 있다.

우리의 삶도 그러하지 않을까? 앞만 보고 무작정 달려 나간
다거나, 욕심껏 무리하다가는 탈이 나게 마련이다. 적당한 페
이스로 즐기면서 살아가는 것, 삶의 진정한 기쁨은 거기에 있
을 것이다. 그대의 삶도, 그리고 순례도 진정 행복해야 하지 않
겠는가?

오늘도 참 멋진 날이다. 그대도 늘 그러하길 바란다.

순례자를 위해 마련해 놓은 나무 의자와 꽃 화분.

오늘 아침 식사일까? 바나나를 배낭 옆에
찔러 넣고 안개 속을 걷고 있는 순례자.

순례자가 나무에 걸어 놓은 조가비

몬테로소(Monterroso) 도로가 이어진 순례
길은 아름다웠다.

오전 11시가 넘어가자 달과 해가 동시에
모습을 드러냈다. '해님, 웃어 보세요.' 하
자 해님이 방긋 웃었다.

05

누구나 뒷모습을 남기며 간다

팔라스 데 레이(Palas de Rei)**에서 아르수아**(Arzua) **29.4㎞**

이른 아침 간간이 안개비가 흩뿌렸다. 고요한 숲길은 유칼립투스 나무에서 내뿜는 진한 향 내음으로 뒤덮였다. 구름은 숲길에 적막감을 드리웠다. 산새 소리, 풀벌레 소리는 숲길에 청아한 공명을 울렸다. 순례자들은 홀로 걷거나 때로 삼삼오오 동행하며 조용한 발걸음을 이어 갔다. 이제는 마치 길이 순례자들을 외쳐 부르는 듯하다.

순례자들은 길 위에서 제각기 뒷모습을 남기며 간다. 그들의 발걸음과 흔적들은 이내 길에서 사라지겠지만, 바람과 나무와 들풀들 그 어디엔가는 자취가 남으리라. 이 길을 완주하고 나면 그 어디에선가 신령처럼 그의 영혼은 이 길을 떠돌 것이리라.

우리도 삶의 길에서 누구나 뒷모습을 남기며 간다. 누군가 지나간 자리에는 때로 아름다운 모습도 있고 추한 모습도 있다. 때로 행복한 모습도 있고 불행한 모습도 있다.

누군가에게 추억이라는 이름으로 우리의 뒷모습이 아름답게 기억된다면 그래도 한세상 잘 산 것이 아닐까? 그대가 남기고 가는 뒷모습도 누군가에게 아름답게 비춰지고 기억되길 바란다.

꽃비가 내린 이 길을 걸은 오늘도 참 행복한 날이다.

나이 지긋한 친구 세 분이 나란히 걷고 있다.

고요한 숲속에서 영혼을 쉬고 있는 순례자

중세풍의 산 후안 다리를 건너 푸렐로스(Furelos) 마을로 들어선다.

멜리데(Melide)로 가는 숲길

끌고 가려는 노파, 버티는 말, 짖어 대는 개.
동화가 시작될 것 같다.

06

바람의 길을 따라, 별들의 들판을 지나

아르수아(Arzua)에서 오 페드로우소(O Pedrouzo) 19.2㎞

달팽이 친구야, 너도 참 많이 걸었구나. 너 또한 집을 떠나 순례 중인 거니? 그 먼 길을 걸어가느라 힘이 들지는 않니?

서두르지 말고 쉬엄쉬엄 가렴. 사람들 발걸음도 조심하고 자전거 바퀴도 조심하고……. 새소리, 풀벌레 소리 따라서 바람이 불어 가는 곳, 너의 천국으로 가렴.

유칼립투스 숲길은 꿈길을 걷는 듯했다. 짙은 나무의 향기는 숲속 가득히 배어났다. 천국의 숲길에는 청아한 새소리, 풀벌레 소리가 맑게 울려 퍼졌다. 바람은 살며시 콧노래를 부르며

길에서 가끔씩 마주치는 달팽이 친구.
참 많이도 걸었다.

서로를 향해 가고 있는 것일까?

갔다. 나는 즐거이 노래하는 숲의 합창에 따라 아득한 명상의
세계로 빠져들었다.

순례길에서 나는 한 점 바람이 되고 별이 되었다. 내 의식의
나래는 끝없이 펼쳐진 광활한 대지 위에서 바람의 길을 따라,
별들의 들판을 지나 자유로이 떠돌았다. 세상의 모든 것이 그
저 아득했다. 카미노길을 걷는 순례자들도 숲도 이 세상도 모
두가 마치 한 점인 것처럼 느껴졌다. 모든 것이 하나라는 몰아
일체(沒我一體)의 울림이 마음 깊은 곳으로 전해져 왔다.

"그 무엇에게든 충분한 사랑을 주면, 그것은 당신에게 마음의 문을 열 것이다."

– 조지 위시언 카버

그랬다. 우리는 모두 하나였다. 자연도 사람도 모두가 신의 섭리에 따라서 지구별을 여행하고 있는 여행자였다. 이 세상에 하찮은 존재란 하나도 없다. 들에서 태어난 풀 한 포기조차도 귀중하다. 하물며 그대야 얼마나 소중하고 귀한 존재이겠는가? 그대의 눈에, 그리고 가슴에 사랑을 담으면 이 세상에 존재하는 모든 만물도 그대를 사랑의 눈으로 바라보게 될 것이다. 세상이 온통 사랑으로 가득 차게 될 것이다.

강연가이자 작가인 김창옥은 삶에 대한 감사에 대해 이렇게 말했다.

"삶은 오늘도 우리에게 선물을 줍니다. 돌을 금이 되게 하는 것은 연금술이지만 최고의 연금술은 이미 우리 삶이 상당히 좋은 금이라는 걸 깨닫는 것입니다. 이미 우리가 기적 같은 삶을 선물로 받고 누리고 있다는 것을 아는 것이 인간 최고의 연금술입니다."

지구별을 여행하고 있는 그대는 이 세상에서 가장 귀한 보석이자 선물이다. 나는 그대가 기쁨으로 충만한 기적 같은 삶을 살아가길 진정으로 바란다. 그대가 진정으로 행복하길 바란다.

이제 내일이면 800㎞ 대장정을 마치고 나는 이 길의 끝에 서게 된다. 어느 길에 있던 내일이면 또 내일의 태양이 떠오를 것이다.

참 아름다운 날들이다. 지금 이 순간, 그대와 내가 이 지구별을 여행하고 있으니 말이다.

올망졸망 순례길에 피어 있는 꽃이 미소 짓고 있다.

아르수아(Arzua)에서 카에(Calle)로 이어지는 아름다운 숲길은 나를 고요한 명상으로 이끌었다.

녹색 배낭을 멘 순례자.

어느 순례자가 남기고 간 요정(?)

가축에게 먹일 풀을 거두어들이고 있는 농부

조가비의 기적

　나는 순례 내내 걷기 명상을 통해 우주와 소통했다. 팸 그라우트의 저서 《E2 : 소원을 이루는 마력》은 우주와 소통하는 나의 정신적인 안내서가 되어 주었다. 산티아고 데 콤포스텔라에 도착하기 이틀 전 나는 우주께 산티아고 순례길을 완주한 것에 대한 특별한 격려 메시지를 보내 줄 것을 요청했다.

　2019년 5월 28일, 산티아고 데 콤포스텔라를 20여㎞ 앞두고 마지막 알베르게에 도착했다. 오전 11시 30분, 나는 숙소 앞에 배낭을 세워 두고 12시 오픈을 기다렸다. 그런데 갑자기 내 배낭에 묶여 있던 조가비가 '뚝!' 하고 큰 소리를 내며 내 배낭에서 떨어졌다. 순례자의 상징인 조가비는 30여 일 동안 내 배낭에 튼튼하게 매달려 있었었다.

　더욱이 놀라운 것은 조가비를 묶었던 끈이 풀리지 않고 그대로 배낭에 묶여 있었다는 것이다. 게다가 끈을 묶기 위해 뚫어 놓은 조가비 두 개의 구멍도 멀쩡하게 그대로였다.

　그럼 대체 조가비는 내 배낭에서 어떻게 떨어진 것일까? 조가비 스스로가 배낭에서 떨어져 나오지 않았다면 다른 어떤 방법으로 이 현상을 설명할 수 있을 것인가?

"이 가리비 껍데기들처럼, 산티아고의 순례자는 하나의 껍데기에 지나지 않는다. 세속의 삶으로 가득 찬 껍데기가 부서지면, 아가페로 가득 찬 진정한 삶이 그 모습을 드러낼 것이다."

−파울로 코엘료, 《순례자》 중에서

그렇다. 우주께서는 나에게 조가비의 기적을 통해 조가비 껍데기를 벗어던지고 '새로운 나'로 나아가라고 말하고 있었다.

내 배낭에서 떨어져 나간 조가비를 알베르게 앞 담벼락의 철망에 매달았다. 사진에 보이는 것처럼 조가비 두 개의 구멍은 멀쩡하다. 조가비를 묶었던 저 빨간 끈도 내 배낭에 튼튼하게 묶인 채 그대로였다.

07

800km, 여정의 끝

오 페드로우소(O Pedruouzo)에서

산티아고 데 콤포스텔라(Santiago de Compostela) 20.5km

이른 새벽녘 산티아고 데 콤포스텔라를 향한 마지막 발걸음이 시작됐다. 숲은 깊은 어둠 속에 휩싸인 채 적막했다. 길은 고요했다.

어둠을 헤치고 나아가는 길 위에서 해가 떠오르자 세상은 이내 어둠을 걷어 내고 밝게 빛이 나기 시작했다. 숲도 나무도 살아 있는 모든 것이 생명의 에너지로 꿈틀대며 생동했다.

기쁨으로 노래하는 푸른 대지의 노래 속에서 나의 발걸음은 드디어 800km의 대장정 그 끝에 다다랐다. 꿈인 듯했다. 아득히 먼 시간인 듯했다.

　나는 그 길 위에서 꿈을 꾸었다. 그리고 그 꿈속에서 나의 별을 순례했다. 그 꿈에서 깨고 나면 나는 새로운 나의 세상을 향한 순례를 다시 시작하리라.

신비로운 모습의 나무

새벽길은 적요했다. 달님이 반겼다.

여명이 빛과 함께 수묵화를 흩뿌렸다. 빛과 어둠이 만들어 내는 자연의 위대한 걸작이다.

산티아고 대성당으로
가는 길목의 표지석

산 파이오(San Paio) 성당

몬테 델 고소(고도 370m, 기쁨의 산) 정상에서 순례자가 마지막 휴식을 취하고 있다.

콩코르디아 공원의 산티아고 입성 환영 기념물

08

신의 마지막 메시지, 그것은 사랑이었다

산티아고 데 콤포스텔라(Santiago de Compostela)

산티아고 데 콤포스텔라······ 드디어 800여㎞의 대장정이 막을 내렸다. 나의 발걸음은 별들의 들판, 오브라도이로(Plaza do Obradoiro) 광장에서 멈춰 섰다. 덤덤했다. 길에서 길로 이어졌던 길은 사라졌다. 노란 이정표도, 조가비도 더 이상 길을 가리키지 않았다.

광장에 도착한 순례자들은 제각각의 모습이었다. 광장에 주저앉거나 드러눕거나, 조용히 사색을 하거나 기념 촬영을 하기도 했다. 길이 끝난 곳에서는 소리 없는 감격이, 환희가, 안도의 한숨이 울려 퍼졌다. 대장정의 소임을 마친 자기 자신을 향한 존중과 위로였다.

그리고 이어진 산티아고 성당 정오 미사. 미사를 주관한 신부님의 축복 기도가 끝나고 함께 자리한 순례자들과 서로 포옹했다. 한 사람 한 사람씩 안아 주고 서로의 등과 어깨를 쓰다듬었다.

800㎞ 대장정을 마치고 참석한 정오 미사

그들의 눈빛은 선하고 진실했으며 가슴은 따뜻했다. 종교와 인종, 나이를 초월한 인간의 참된 온기가 가슴에서 가슴으로 전해졌다. 순간 눈시울이 뜨거워졌다. 가슴 저 깊은 곳에서부터 복받쳐 오른 감정은 뜨거운 눈물이 되어 내 볼을 타고 흘러내렸다.

그것은…… 그것은 사랑이었다. 아무 조건 없이, 아무런 이유 없이 상대방을 축복하고 따뜻한 온기로 보듬는 것. 산티아고 데 콤포스텔라 길의 끝에는 '참된 사랑'이 있었다.

신은 산티아고 800km의 여정을 완주한 순례자들에게 마지막 선물로 참된 사랑의 메시지를 주었다. 자신을 온전히 사랑하고 그 사랑의 힘으로 우리가 서로를 사랑한다면 분명히 이 세상은 더욱 살 만한 세상이 될 것이다.

나는 이제 길이 끝난 이곳에서 다시 새로운 '나의 길'을 찾아갈 것이다. 조개껍데기 같은 과거의 나를 벗어던지고 참된 나의 길을 갈 것이다. 새로운 나의 길은 이 세상이 좀 더 따뜻해지도록 하는 사랑의 길이 될 것이다.

이 길을 걷는 내내 나는 기쁨과 감사, 행복을 느낄 수 있었다. 그대도 언젠가 이 길 위에서 그러하길 바란다. 길이 끝나고 새로운 길이 시작되는 오늘도 참 좋은 날이다. 참 멋진 축복의 날이다.

배낭에 기댄 채 대성당을 바라보고 있는 순례자

여자가 남자를 안았다.

머뭇거리던 남자도 여자를 안았다.

광장에 드러누운 순례자

갑상선암과 사투 중인 그녀도 그녀의 길을 마쳤다.
그녀는 브라질 여인과 반갑게 포옹했다.

삿갓 쓴 순례자. 모자가 특이하다.

자랑스럽게 펼쳐 든 크레덴시알(순례자 여권)에는
그녀의 순례 여정이 고스란히 담겨 있을 것이다.

감격의 셀카

길은 끝이 났다.
대성당을 바라보고 앉아 있는 순례자

일본인 모녀, 미츠코 상과 딸 메구미 양도 대성당에 도착했다.
모녀의 감회는 특별하리라.

산티아고 데 콤포스텔라 오브라도이로(Plaza do Obradoiro) 광장

09

땅의 끝, 피스테라에 서다

산티아고 데 콤코스텔라(Santiago de Compostela)에서

피스테라(Fisterra)까지 버스 이동 90㎞

프랑스 생 장 피에드 포르에서 산티아고 데 콤포스텔라까지 800여㎞ 순례를 마치고 나는 버스로 피스테라를 찾았다. 이베리아 반도 갈리시아의 땅끝 바닷가 0,000㎞. 산티아고 데 콤포스텔라에서 다시 이어진 길은 이곳에서 끝나고 있었다.

땅끝 대서양의 광활한 바다는 짙푸르렀다. 파란 하늘은 끝없이 펼쳐진 너른 바다와 수평선을 이루었다. 하늘은 맑고 햇살은 눈부셨다. 이곳까지 순례객들의 발걸음은 드문드문 이어지고 있었다. 산티아고 순례길은 종교적 의미로는 사도 야고보를 참배하기 위한 길이다.

사도 야고보는 "땅끝까지 복음을 전파하라"는 예수의 뜻에 따라서 로마시대 세상의 끝으로 불리었던 갈리시아 지방에서 복음을 전파했다. 그러나 사도 야고보의 두 차례에 걸친 땅끝 전도 활동은 겨우 7명의 제자만을 양성하는 데 그쳤다. 그는 좌절과 고통 속에서 괴로워했다. 번민하던 그의 앞에 살아 계셨던 성모 마리아께서 발현해 그를 위로했는데 그곳이 바로 사라고사이다.

그래서 일부 순례객들은 사도 야고보의 무덤이 있는 산티아고 데 콤포스텔라를 거쳐 이곳 피스테라와 사라고사(Zaragoza)까지 순례를 이어 가고 있다. 복음을 땅끝까지 전파하고자 했던 사도 야고보의 전도는 큰 빛을 보지 못했지만, 예수의 열두 제자 중 첫 번째로 순교한 그의 깊은 신심은 산티아고 순례길을 통해 이제 불멸의 역사가 되었다.

산티아고 순례길은 이러한 종교적 의미 외에도 '참자아'와 마주하고 삶의 의미를 찾는 등 개인적인 영적 수련을 하는 길이기도 하다.

길이 끝난 피스테라 땅끝 0.000km! 대장정의 소임을 마치고 이곳 피스테라에 도착한 순례자들은 대서양 바다를 바라보며 십자가 절벽위에서 자신이 신고 있던 신발을 태우기도 한다.

또한 입고 있던 옷을 모두 태우고 새 옷으로 갈아입는 의식을 치르기도 한다. 이러한 의식은 순례의 끝에서 삶의 새로운 출발을 위한 다짐의 뜻이다.

나 또한 마음의 의식을 통해 낡은 생각을 벗어던졌다. 그리고 새로운 꿈을 향한 도전을 해 나갈 것임을 다짐했다. 땅끝 푸른 바다에서 살랑살랑 불어오는 바람이 나를 포근히 감싸 안았다. 맑은 하늘도 하얀 구름도 모두 새로운 나의 길을 축복하는 듯했다. 햇살이 눈부신 날, 새로운 삶의 여정을 시작하는 오늘은 참 감사한 날이다.

갈리시아 땅끝 0,000km 표지석

대서양의 푸른 바다와 어우러진 피스테라의 아름다운 전경은 꿈결 같이 아득하다.

바다를 향해 명상하고 있는 순례자

순례자 신발 조형물

햇살을 받아 빛나는 십자가

피스테라의 일몰(조현우 님 사진 제공).
갈리시아 땅끝에서 하루해가 저물고 나의 순례도 끝이 났다.

시작을 위한 끝

"마음을 열면 새로운 세상이 펼쳐집니다."

마치 '알라딘과 요술램프'처럼 그대의 삶에 마법이 시작될 것입니다. 산티아고 순례를 통해 제가 깨달은 가장 중요한 것은 인간의 무한한 잠재의식을 일깨워 '무엇이든 원하는 것을 이룰 수 있다'는 긍정의 메시지였습니다.

나와 그대, 우리 모두는 자기 삶의 창조자입니다. 지금 이 순간 어떤 삶을 살아가고 있든 그것은 그대 스스로가 만든 것입니다. 그리고 앞으로 펼쳐질 삶도 온전히 그대 스스로가 만들어 가게 될 것입니다. 산티아고 순례길은 이러한 단순하지만 명확한 삶의 진리를 깨닫게 했습니다.

지난 33일간의 산티아고 순례 여정은 긴 인생에 있어 찰나의 순간이었지만, 제 삶에 가장 빛나는 시기이자 축복의 시간이기도 했습니다. 그대도 그 길을 걷게 되는 순간 삶의 커다란 전환

점을 맞이하게 될 것입니다.

"한 번쯤은 당신 자신을 위하여 '산티아고의 길'을 살아내길
바란다."
  ─파울로 코엘료, 《순례자》, 아마존 서평 중에서

산티아고 별들의 들판과 광활한 대지가 그리고 바람이, 고요
한 숲이 그대의 발걸음을 기다리고 있습니다. 저의 글과 사진은
산티아고 순례길을 걷는 그대의 이정표가 되어 줄 것입니다.

파울로 코엘료는 《순례자》에서 "배는 항구에 정박해 있을 때
가 가장 안전하다. 하지만 그것이 배가 만들어진 이유는 아니
다."라고 했습니다.

이제 그대도 항구를 벗어나 푸른 바다로 항해를 시작하기를
진정으로 바랍니다. 언젠가 산티아고 순례길에 서게 될 그대의
발걸음을 힘차게 응원합니다.

파울로 코엘료와의
만남

그는 순례길의 영적 안내자였다

파울로 코엘료의 《순례자》는 나의 산티아고 순례길 여정에 영적인 안내자였다. 단순하게 영향을 미친 것이 아니라 1986년, 지금으로부터 33년 전 그가 이 길 위에서 겪었던 일들을 나 또한 매우 유사한 형태로 경험했다. 시간과 공간을 뛰어넘어 그의 영혼이 나의 안내자가 되어 나의 길을 이끄는 듯했다.

파울로는 《순례자》에서 종교 지도자 격인 마스터가 되기 위한 람의 의식을 거행한다. 그 의식에서 자신의 스승으로부터 마스터를 상징하는 검을 받게 되어 있었다. 그러나 자신이 비범하다는 오만으로 인해 마스터 검은 산티아고 순례길 어디엔가 숨겨지게 되고, 파울로는 그의 안내자 페트루스와 함께 검을 찾아 산티아고 순례에 나서게 된다. 파울로는 '평범한 길 위에 진리가 있다'라는 스승의 가르침을 깨우쳐야만이 그의 검을 찾을 수 있었다.

나는 파울로처럼 산티아고 순례길에서 나 자신의 검을 찾고
자 했다. 나와 가족, 어려운 이웃들을 위해 선물 같은 삶을 사
는 것, 그러기 위해서 나는 풍요와 부의 검을 원했다.

파울로는 순례길에서 어린아이의 환영을 만나고 검은 개의
악령이 지배하고 있는 여인을 구하게 된다. 그러나 검은 개의
악령은 파울로를 계속 쫓게 되고 결국 결투를 통해서 악령을 몰
아냈다.

나 또한 순례 도중 레온에서 이상한 경험을 했다. 5월 19일
새벽 4시경 잠에서 깨어나 누운 채로 명상을 하는데 환영이 보
였다. 누군가 내 어깨 위에 목말을 타고 있었다. 어린 남자아이
였다. 나는 누구냐고 물었다. 그러자 그는 '권리자'라고 대답했
다. 나는 깜짝 놀라서 그에게 말했다.

"네가 나의 권리자라는 것을 셋을 셀 동안에 증명하라."

그러나 셋을 세고도 아무 말이 없자, 나는 그에게 명령했다.

"나의 주인은 나다. 그 누구도 나의 주인이 될 수 없다. 내게
서 당장 떠나라."

그러자 환영은 사라지고 간밤에 불현듯 일었던 두려움이 없
어졌다.

그날 나는 순례 도중 길가에서 나를 지켜보고 있던 검은 고양이와 마주쳤다. 고양이는 나와 눈이 마주친 순간부터 내가 시야에서 사라질 때까지 미동도 하지 않은 채 내 눈을 뚫어져라 응시했다. 순간, 내 안에서 간밤의 두려움이 또다시 일면서 섬뜩함이 몰려왔다.

두려움은 선한 싸움을 펼칠 의지를 꺾고 굴복하게 만든다. 두려움을 극복하지 않으면 자신의 한계를 뛰어넘을 수 없다. 나는 검은 고양이를 굴복시키는 명상을 통해서 내 마음속에 일던 두려움을 떨쳐냈다.

파울로의 산티아고 순례는 오직 그의 검을 찾기 위한 것이었다. 하지만 정작 그 검이 왜 필요하고, 그 검으로 무엇을 할 것인지를 인식하지 못하고 있었다. 그러나 파울로가 자신의 검에 대한 명확한 목적성을 깨닫는 순간, 그는 마침내 그의 검을 찾을 수 있었다.

그가 자신의 마스터 검을 찾은 곳은 엘 세브레이로(El Cebreiro) 마을의 교회였다. 레온주에서 땅끝 갈리시아로 넘어가는 1310 고지의 언덕 아래에 자리한 작은 마을이었다. 나 또한 달을 통해 나의 풍요와 부에 대한 우주의 명확한 징표를 받은 곳이 바로 엘 세브레이로 마을로 오르는 언덕이었다.

나는 순례 도중 알베르게에서 어려움에 처한 한국인 여성 동료 순례자를 도와주고 비아브랑카 델 비에르소에서 밤 열한 시경 야간 순례에 나섰었다. 우주께서는 달을 통해 내게 나의 뜻과 선한 우주의 뜻이 정확히 일치함을 명확하게 나타내 주셨다 (책 Part 04 '나의 검[劍]은 그곳에 있었다' 참조).

산티아고 순례 내내 파울로 코엘료와 내 영혼은 우주를 통해 함께하고 있었다. 그리고 순례를 마치고 한국으로 돌아오는 길에도 이러한 현상은 이어졌다.

또 하나의 영적 얽힘 숫자 '33'

숫자 '33'은 파울로 코엘로와의 인연을 더욱 특별하게 했다.

파울로는 1986년, 지금으로부터 33년 전에 산티아고를 순례했다. 나는 프랑스 길을 총 33일 동안 순례했다. 내가 한국으로 돌아오기 위해 포르투갈 포르투에서 독일 프랑크푸르트행 경유 비행기를 탔을 때 내 좌석은 33D였고, 경유 개찰구는 33번 게이트였다. 이 모든 것을 단지 우연이라고 쉽게 말할 수 있을까?

캘리포니아대학 산타크루즈 캠퍼스의 물리학 교수인 브루스 로젠블룸(Bruce Rosenblum)은 누군가와 단 한 번이라도 만나서 악수만 해도 두 사람의 영혼은 영원히 서로 얽히게(얽힘: entanglement) 된다고 했다.

이 세상에서 일어나는 모든 일에 결코 우연이란 없다. 단지 우리가 우연이라고 말하는 일이 있을 뿐이다.

지난 33일간의 산티아고 순례를 통해 내 영혼은 성장하고 새롭게 변화했다. 순례 내내 걷기 명상을 통해 우주와 소통하면서 나는 놀랍고도 신비로운 일들을 경험했다.

내가 순례를 하는 동안 가장 많이 느끼고 한 말은 감사였다. 그리고 사랑이었다. 물질적인 세계와 비물질적인 세계를 통제하고 운용하고 있는 힘, 우주께서는 선하시고 또한 사랑이시다.

우주께서는 그대와 내가 풍요와 건강, 행복을 누리기를 진정으로 원하신다. 그대가 우주를 향해 온 마음을 열고 그대의 소망을 요청한다면 우주께서는 언제 어디서나 그대에게 분명 응답할 것이다. 왜냐하면 우주께서는 그대를 진정으로 사랑하기 때문이다.

또한, 그대가 무엇을 원하든 원하는 만큼 이루어 주실 것이다. 지구별의 소행성 산티아고 순례길 어디에선가, 또한 삶의 길 어느 여정에서고 그대도 그대만의 검을 찾길 진정으로 바란다.

아브라카다브라.

산티아고 순례길 여정

1 루르드(Lourdes)에서 생 장 피에드 포르 (Saint Jean Pied de Port)

2 생 장 피에드 포르(Saint Jean Pied de Port)에서 론세스바예스(Roncesvalles) / 26.3km

3 론세스바예스(Roncesvalles)에서 수비리(Zubiri) / 21.9km

4 수비리(Zubiri)에서 팜플로나(Pamplona) / 21km

5 팜플로나(Pamplona)에서 푸엔테 라 레이나(Puente la Reina) / 24.4km

6 푸엔테 라 레이나(Puente la Reina)에서 에스테야(Estella) / 21.1km

7 에스테야(Estella)에서 로스 아르코스(Los Arcos) / 21.7km

8 로스 아르고스(Los Arcos)에서 로그로뇨(Logrono) / 27.8km

9 로고로뇨(Logrono)에서 나헤라(Najera) / 29.4km

10 나헤라(Najera)에서 산토 도밍고 데 칼사다(Santo Domingo de Calzada) / 21km

11 산토 도밍고 데 칼사다(Santo domingo de Clazada)에서 벨로라도(Belorado) / 23.9km

12 벨로라도(Beloado)에서 오르테가 아헤스(San Juan de Ortega Ages) / 27.7km,
    오르데가 아헤스에서 브루고스(Burgos) / 20.8km

13 부루고스(Burgos)에서 온타나스(Hontanas) / 31.3km

14 온타나스(Hontanas)에서 보아디야 델 카미노(Boadilla del Camino) / 29.5km

15 보아티아 델 카미노(Boadilla del Camino)에서
    카리온 데 로스 콘데스(Carrion de los Condes) / 25.7km

16 카리온 데 로스 콘데스(Carrion de los Condes)에서
    테라디요스 데 로스 템플라리오스(Terradillos de los Templarios) / 26.8km

17 테라디요스 데 로스 템플라리오스(Terradillos de los Templarios)에서
    베르시아노스 델 레알 카미노(Bercianos del Real Camino) / 23km